生命中的美丽

的

万虹 主编

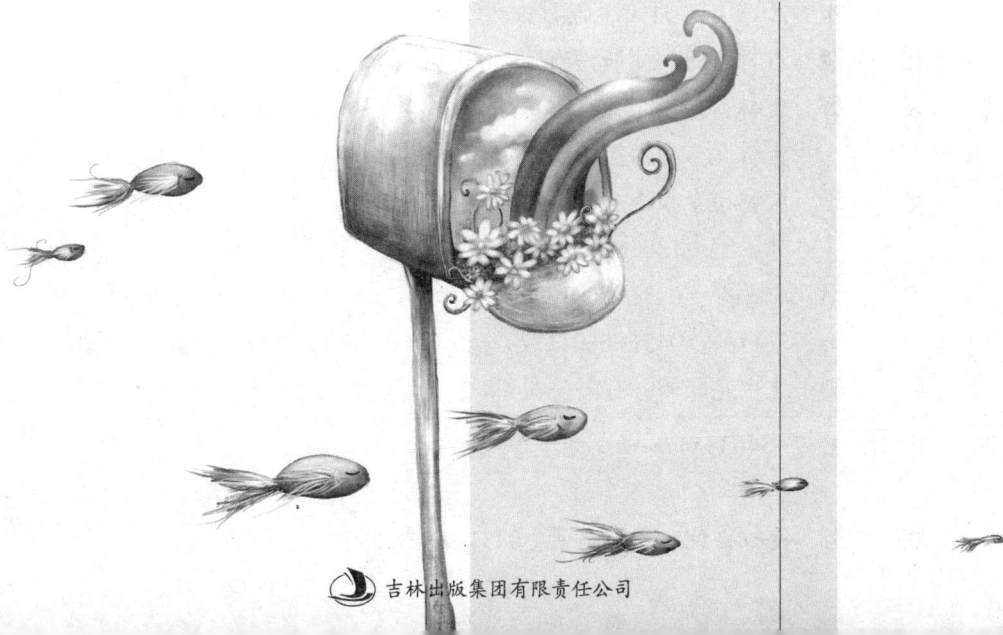

吉林出版集团有限责任公司

图书在版编目（CIP）数据

生命中的美丽／万虹主编．—长春：吉林出版集团有限责任公司，2011.9

（心之语系列）

ISBN 978-7-5463-5778-2

Ⅰ.①生… Ⅱ.①万… Ⅲ.①人生哲学-少年读物

Ⅳ.①B821-49

中国版本图书馆 CIP 数据核字（2011）第 128966 号

生命中的美丽

作　者	万　虹　主编	
责任编辑	孟迎红	
责任校对	赵　霞	
开　本	710mm×1000mm　1/16	
字　数	250 千字	
印　张	15	
印　数	1-5000 册	
版　次	2011 年 9 月第 1 版	
印　次	2018 年 2 月第 1 版第 2 次印刷	
出　版	吉林出版集团股份有限公司	
发　行	吉林音像出版社有限责任公司	
	吉林北方卡通漫画有限责任公司	
地　址	长春市泰来街 1825 号	
	邮　编：130062	
电　话	总编办：0431-86012906	
	发行科：0431-86012770	
印　刷	北京龙跃印务有限公司	

ISBN 978-7-5463-5778-2　　　　　定价：39.80 元

代　序

　　一粒沙最简单。是随波逐流，在历史的长河中将自己的棱角磨平，还是坚持自己的本色，融与沙涛之中，无论顺流逆流，都不失一粒沙的尊严。一朵花呢，她的生命更加丰富、可爱。简单的几片花瓣围成一张笑脸，复杂的几十片花瓣托出一个精致的圆盘。高明的画家在花瓣上勾勒优美的线条，又将彩虹的颜色涂在花瓣上。伟大的建筑师让蜜蜂送来金黄的花蕾。最好的调剂师调配出各具特色的香气。阳光为她沐浴，雨露为她洗礼。每一朵都是一位公主。

　　人的生命最好有沙的坚硬，花的柔软。前者指行为，后者指内心。生命远比细沙比花朵来得复杂，但倘若坚强与柔软两者兼有之，必定从容、丰富了。生命沿着过去、现在、未来的顺序奔流，奔流之水不复还。用最少的悔恨面对过去。有一个故事讲一个年轻人，他遇到了很多烦恼。他去找牧师。牧师把他带到一间简陋的小房间里。里面布满了灰尘，房子中央有一张桌子，上面有一杯水。牧师让年轻人好好看看杯子。起初年轻人不明白，最后才恍然大悟。原来杯子表面的水之所以很干净，没有灰尘，是因为都沉淀到了杯底。生活中遇到的困惑、烦恼，以及经历的事情不就像落到杯子里的灰尘吗，如果我们不停地摇晃，不仅于事无补，反而会使水溢出。如果让灰尘慢慢地沉淀下来，起初可能反应并不大，真正沉淀下来的时候，杯子里的水是平静而清澈的。现在建立在过去之上。用最多的激情面对现在。孩子的眼里总是充满了对世界的好奇，他们不管"结果"，以"破坏"为己任，将简单的事情当成天职来做，当成快乐来享受。年龄的增长使我们改变了许多，若能保留一份儿时的天真与认真，是件多么美好而值得去做的事！用最大的自信来面对未来。有时我会对自己的未来、前途感到迷茫，自信它帮我坚定了信念，也客观地看待遇到的事情。

目 录

快乐的活着就是成功的人生，所以谁都会渴望自己能够更多的拥有快乐，然而快乐却不是人人都能拥有的，于是有的人开始怨天忧人，怪上天不偏爱自己，怪命运多舛，抱怨事业不顺、家庭不和……其实这些都不是你不快乐的决定因素，真正决定你快乐与否的只是你自己！

我们提倡做人要有一颗谦和的心，但并不是指你要否认自己的一切优点、长处，这样既极端，又对自己的成长不利。所以，在必要的时候，将自己的优点放大，肯定它，正视它，是很有必要的，否则，如果认为自己一无是处，则便会陷入自卑的泥潭。

许多人之所以能在逆境中扭转乾坤，从失败走向成功，就缘于他找到了自己身上隐藏的优点，并将其放大，使之成为激励自己上进的"秘密武器"。

能为自己加油的人一定是强者，因为他敢于接受任何挑战，自强不息，正是这种加油和喝彩给他们带来源源不断的动力，无悔地追求自己的理想，最终实现自己的目标。

选择是世界上最伟大的力量，是改变自然和人类社会的重要杠杆，是撬动地球移动的最佳支点，是决定人生成败的最重要的因素。

要想实现人生价值，就要勇敢地直面选择，千万不要回避选择，因为只有选择才会给你的生命不断注入活力；只有选择才能使你拥有把握人生命运的伟大力量；只有选择才能把你人生的美好梦想变成随手可及的现实。

培养成功的心态，以使你的生命按照自己的意图提供报酬，没有成功的心态就无法成就什么大事。记住，你的心态是你唯一能完全掌握的东西，练习控制你的心态，并且利用成功心态来引导你的行为，坚持下去，你的奋斗就一定能够成功。

生命的绿意是这样铸成的：任岁月无情，你童贞如初心热如初；任羁旅劳顿，你不歇不辍一如既往；任花季深深喧嚣纷攘，你只属意默守一枝的宁静；任群鸟圆润雨腻云香，你只在契和的旋律里撷取一种风流。纵然是寒凝天边的落雪之夜，你仍无怨无悔以赤烫之浆浇灌不死的信念，塑造活人的筋骨。

第一辑　自己先快乐起来

　　快乐的活着就是成功的
人生，所以谁都会渴望自己
能够更多的拥有快乐，然而
快乐却不是人人都能拥有的，
于是有的人开始怨天忧人，
怪上天不偏爱自己，怪命运
多桀，抱怨事业不顺、家庭
不和……其实这些都不是你
不快乐的决定因素，真正决
定你快乐与否的只是你自己！

快乐即成功

> 快乐是世界成本最低、风险也最低的成功，却能给人真实的受用。

上个世纪初，一位少年梦想成为帕格尼尼那样的小提琴演奏家，他一有空闲就练琴，练得心醉神痴，走火入魔，却进步甚微，连父母都觉得这可怜的孩子拉得实在太蹩脚了，完全没有音乐天赋，但又怕讲出真话会伤害少年的自尊心。

有一天，少年去请教一位老琴师，老琴师说："孩子，你先拉一支曲子给我听听。"少年拉了帕格尼尼 24 首练习曲中的第三支，简直破绽百出，不忍卒听。一曲终了，老琴师问少年："你为什么特别喜欢拉小提琴？"少年说："我想成功，我想成为帕格尼尼那样伟大的小提琴演奏家。"老琴师又问道："你快乐吗？"少年回答："我非常快乐。"老琴师把少年带到自家的花园里，对他说："孩子，你非常快乐，这说明你已经成功了，又何必非要成为帕格尼尼那样伟大的小提琴演奏家不可？在我看来，快乐本身就是成功。"

少年听了琴师的话，深受触动，他终于明白过来，快乐是世间成本最低、风险也最低的成功，却能给人真实的受用。倘若舍此而别求，就很可能会陷入失望、怅惘和郁闷的沼泽。少年心头的那团狂热之火从此冷静下来，他仍然常拉小提琴，但不再受困于帕格尼尼的梦想。这位少年是谁？阿尔伯特·爱因斯坦，他一生仍然喜欢小提琴，拉得十分蹩脚，却能自得其乐。

快乐即成功，这是充满阳光的人生哲学。在现实生活中，我们不难见到这样一类人，他们脸色红润，身体健康，笑口常开，心情愉快，他们活出了人之为人的全部趣味，在事业上却没有太大的建树，与名利双收、功成名就不怎么沾边。这样的人果真是失败者吗？我看未必。

（佚名）

被遗忘的野百合

> 人生没有后悔药，也没有第二次选择的机会。勇往直前吧，不要因为错过了流星就丧失了对生活的勇气。

17岁的雨季，他去一个边远的省份上高中，是因为那里的高考分数线比上海低得多，作为高考大移民中的一员，他待在那里的时间不过一年而已。

边远的小城是荒凉而寂寞的，甚至让他感受到了与世隔绝，和偌大的上海相比，这里一切显得那样土气，甚至连人们说话的口音也那么难听，可他却不知道，他清秀的外表和好听的普通话从他来的那一刻起就吸引一个女孩。

那是一个当地的女孩，脸色黑里透着红，健康而美丽，有着羞涩的笑容，见了他，总是低下头，飞快地躲开他的眼神。他心中得意着，因为知道她对他的喜欢。

因为学习比她好，况且将来要回上海上学，他的目标是交大，所以，怎么会把这样一个平常的女孩子放在眼里。

忽然一天，他的书桌上有淡淡的香气散出来，他打开书桌，看到书里夹了一朵花。他不知道那叫什么花，白色的，淡淡的清香，转瞬，他就明白是谁做的了。

再见到她的时候，他拦住了她，这次，她的心跳到了嗓子眼儿一样，甚至连呼吸都不是均匀的。他更加得意地看着她，然后对她说："能告诉我那是什么花吗？"

"野百合。"她低着头，摆弄着衣角。

"对不起，我不喜欢这种花。"说完他就走了，头也没有回。

而身后的她泪如雨下，一个女孩子的第一次啊，何况，她又没要求他如何，她只是想在这如花的季节里，能和他一起度过高考来临的那段日子。

高考很快来临了，他没有考上交大，却回了上海，而她则名落孙山，以后，他再也没有过她的消息。原本，她在他的心中就是一丝丝涟漪，风没有了，涟漪也就散去了，那朵被他看也没看的野百合，也许早就结婚生子了呢。

几年以后，他去一家合资企业应聘，却看到台上笑意吟吟的她，美丽得如一只天鹅，长长的头发披肩而落。他以为是长相类似的人，再看名字，果然是她，上面写着人力资源部经理——徐亦芬。

他呆住了，她，一个没有考上大学的女孩子怎么会来北京，而且做了高层管理人员？

她也看到他，招聘会散了的时候他再次拦住了她："真的是你？"

她笑，像一朵百合："是从认识你开始，我才明白了一件事，一朵花要为自己找到春天才会让别人注意到，第二年我复读了，然后考到了北京来，直到念完研究生，直到自己由毛毛虫变为蝴蝶。"

他的心里浮上淡淡的悔意，但一切已经偶然，十年河东十年河西，她不再是等待他定夺的黑黑小女子了，而是他等待她定夺的一个主管了。

说话间有一个男人开了很漂亮的宝马过来，然后为她打开车门。他走开了，其实他已经被公司录取了，但为了自己的自尊，他没有来。

（佚名）

拿起你的鞭子

　　自立自助者才能自救，遇到困难的时候不要首先想到寻求别人的帮助，自己可以办到的事情，先自己动脑筋想一想，动动脑子，问题或许很快就迎刃而解了。

　　车夫驾着一辆满载干草的车子走在乡间的路上，没想到却陷进了泥坑里。在乡下的田野上，会有谁来帮这个可怜人的忙呢？这完全是命运之神有意惹人发怒而安排的。

　　陷入泥坑里的车夫肝火正旺，骂不绝口。他骂泥坑，骂马，又骂车子和自己。无奈之中，他只得向举世无双的大力神求救。"赫拉克勒斯，"车夫恳求道，"请你帮帮忙，你的背能扛起天，把我的车从泥坑中推出来对你来说应该是举手之劳。"

　　刚祈祷完，车夫就听到神从云端发话了："神要人们自己先动脑筋、想办法，然后才会给予帮助。你先看看，你的车困在泥坑里究竟是什么原因？为什么会陷入泥坑？拿起锄头铲除车轮周围的泥浆和烂泥，把碍事的石子都砸碎，把车辙填平，你不自己尝试一下怎么行呢？"

　　过了一会儿，神问车夫："你干完了吗？"

　　"是的，干完了。"车夫说。

　　"那很好，我来帮助你。"大力神说，"拿起你的鞭子。"

　　"我拿起来了……咦，这是怎么回事？我的车走得很轻松！大力神赫拉克勒斯，你真行！"

　　这时神发话说："你瞧，你的马车很便当地就离开了泥坑！遇到困难，要先自己动脑筋想办法解决，老天才会助你一把的。"

（佚名）

教授家的大门

在这个世界上，只要你真实地付出，就会发现许多门都是虚掩的！微小的勇气，能够完成无限的成就。

听说英国皇家学院公开张榜为大名鼎鼎的教授戴维选拔科研助手，年轻的装订工人法拉第激动不已，赶忙到选拔委员会报了名。但临近选拔考试的前一天，法拉第被意外通知，取消他的考试资格，因为他是一个普通工人。

法拉第愣了，他气愤地赶到选拔委员会。但委员们傲慢地嘲笑说："没有办法，一个普通的装订工人想到皇家学院来，除非你能得到戴维教授的同意！"

法拉第犹豫了。如果不能见到戴维教授，自己就没有机会参加选拔考试。但一个普通的书籍装订工人要想拜见大名鼎鼎的皇家学院教授，他会理睬吗？

法拉第顾虑重重，但为了自己的人生梦想，他还是鼓足了勇气站到了戴维教授的大门口。教授家的门扉紧闭着，法拉第在教授门前徘徊了很久。终于"笃笃笃笃"，教授家的大门，被一颗胆怯的心叩响了。

院里没有声响，当法拉第准备第二次叩门的时候，门却"吱呀"一声开了。一位面色红润、须发皆白、精神矍铄的老者正注视着法拉第，"门没有闩，请你进来。"老者微笑着对法拉第说。

"教授家的大门整天都不闩吗？"法拉第疑惑地问。

"干吗要闩上呢？"老者笑着说，"当你把别人闩在门外的时候，也就把自己闩在了屋里。我才不当这样的傻瓜呢。"他就是戴维教授。他将法拉第带到屋里坐下，聆听了这个年轻人的叙说和要求后，写了一张纸条递给法拉第："年轻人，你带着这张纸条去，告诉委员会的那帮人说戴维老头同意了。"

经过严格而激烈的选拔考试，书籍装订工法拉第出人意料地成了戴维教授的科研助手，走进了英国皇家学院那高贵而华美的大门。

成功之门都是虚掩的，它总是留给那些有勇气去强大自己的人。勇敢是成功者必备的素质。只有那些自信、做事不退缩、勇敢而富有冒险精神的人，才能成就伟大的事业。

而那些做事三心二意、缺乏勇气、毫无决断力的人则会永无出头之日。

（佚名）

生命的价值

生命的价值不依赖我们的所作所为，也不仰仗我们结交的人物，而是取决于我们本身！

在一次讨论会上，一位著名的演说家没讲一句开场白，手里却高举着一张 20 美元的钞票。

面对会议室里的 200 个人，他问："谁要这 20 美元？"一只只手举了起来。他接着说："我打算把这 20 美元送给你们中的一位，但在这之前，请准许我做一件事。"他说着将钞票揉成一团，然后问："谁还要？"仍有人举起手来。

他又说："那么，假如我这样做又会怎么样呢？"他把钞票扔到地上，又踏上一只脚，并且用脚碾它。尔后他拾起钞票，钞票已变得又脏又皱。

"现在谁还要？"还是有人举起手来。

"朋友们，你们已经上了一堂很有意义的课。无论我如何对待那张钞票，你们还是想要它，因为它并没贬值，它依旧值 20 美元。人生路上，我们会无数次被自己的决定或碰到的逆境击倒、欺凌，甚至碾得粉身碎骨。我们觉得自己似乎一文不值。但无论发生什么，或将要发生什么，你们永远不会丧失价值，你们依然是无价之宝。"

（佚名）

怀有成为珍珠的信念

在成长的道路上，我们应当始终坚信，只要朝着自己的目标不断向前，肯定会有好的结果。

很久很久以前，有一个养蚌人，他想培养一颗世上最大最美的珍珠。

他去海边沙滩上挑选沙粒，并且一颗一颗地问那些沙粒，愿不愿意变成珍珠。那些沙粒一颗一颗都摇头说不愿意。养蚌人从清晨问到黄昏，他都快要绝望了。

就在这时，有一颗沙粒答应了他。

旁边的沙粒都嘲笑起那颗沙粒，说它太傻，去蚌壳里住，远离亲人、朋友，见不到阳光、雨露、明月、清风，甚至还缺少空气，只能与黑暗、潮湿、寒冷、孤寂为伍，不值得。

可那颗沙粒还是无怨无悔地随着养蚌人去了。

斗转星移，几年过去了，那颗沙粒已长成了一颗晶莹剔透、价值连城的珍珠，而曾经嘲笑它傻的那些伙伴们，却依然只是一堆沙粒，有的已风化成土。

也许你只是众多沙粒中最最平凡的一颗，但如果你有要成为一颗珍珠的信念，并且忍耐着、坚持着，当走过黑暗与苦难的长长隧道之后，你或许会惊讶地发现，平凡如沙粒的你，在不知不觉中，已长成了一颗珍珠。每颗珍珠都是由沙子磨砺出来的，能够成为珍珠的沙粒都有着成为珍珠的坚定信念，并无怨无悔。沙粒之所以能成为珍珠，只是因为它有成为珍珠的信念。芸芸众生中，我们原本只是一粒粒平凡的沙子，但只要怀有成为珍珠的信念，你终会长成一颗珍珠的。

（佚名）

鸟与人

莫惋惜已经失去的东西，莫相信不可能存在的事情。

小鸟问它父亲："世上最高级的生灵是什么？是我们鸟类吗？"

老鸟答道："不，是人类。"

小鸟又问："人类是什么样的生灵？"

"人类……就是那些常向我们巢中投掷石块的生灵。"

小鸟恍然大悟："啊，我知道啦！……可是，人类优于我们吗？他们比我们生活得幸福吗？"

"他们或许优于我们，却远不如我们生活得幸福！"

"为什么他们不如我们幸福？"小鸟不解地问父亲。

老鸟答道："因为在人类心中生长着一根刺，这根刺无时不在刺痛和折磨着他们，他们自己为这根刺起了个名字，管它叫做贪婪。"

小鸟又问："贪婪？贪婪是什么意思？爸爸，您知道吗？"

"不错，因为我了解人类，也见识过他们内心那根贪婪之刺，你也想亲眼见识吗？"

"是的，爸爸，我想亲眼见识见识。"

"这很容易，若看见有人走过来，赶快告诉我，我让你见识一下人类内心那根贪婪之刺。"

少顷，小鸟便叫了起来：

"爸爸，有个人走过来啦！"

老鸟对小鸟说："听我说，孩子。待会儿我要自投罗网，主动落到他手中，你可以看到一场好戏。"

小鸟不由得十分担心，说："如果您受到什么伤害……"

老鸟安慰它说："莫担心，孩子，我了解人类的贪婪，我晓得怎样从他们手中逃脱。"

说罢，老鸟飞离小鸟，落在来人身边，那人伸手便抓住了它，乐不可支地叫道："我要把你宰掉，吃你的肉！"

老鸟说道："我的肉这么少，够填饱你的肚子吗？"

那人说："肉虽然少，却鲜美可口！"

老鸟说："我可以送你远比我的肉更有用的东西，那是三句至理名言，假如你学到手，便会发大财！"

那人急不可耐："快告诉我，这三句名言是什么？"

老鸟眼中闪过一丝狡黠的目光，款款说道："我可以告诉你，但是有条件：我在你手中先告诉你第一句名言；待你放开我，我便告诉你第二句名言；等我飞到树上之后，才会告诉你第三句名言。"

那人一心想尽快得到三句名言，好去发大财，便马上答道："我接受你的条件，快告诉我第一句名言吧！"

老鸟不疾不徐地说道："这第一句名言，便是：莫惋惜已经失去的东西！根据我们的条件，现在请你放开我。"于是那人便松手放开了它。老鸟落到离地不远的地面继续说道："这第二句名言便是：莫相信不可能存在的事情！"说罢，它边叫着边振翅飞上树梢："你真是个大傻瓜，如果刚才把我宰掉，你便会从我腹中取出一颗重量达 30 米斯卡勒、价值连城的大宝石。"

那人闻听，懊悔不已，把嘴唇都咬出了血。他望着树上的鸟儿，仍惦记着他们方才谈妥的条件，便又说道："请你快把第三句名言告诉我！"

狡猾的老鸟讥笑他说："贪婪的人啊，你的贪婪之心遮住了你的双眼。既然你忘记了前两句名言，告诉你第三句又有何益?! 难道我没告诉你：'莫惋惜已经失去的东西，莫相信不可能存在的事情'吗？你想想看，我浑身的骨肉羽翅加起来不足 20 米斯卡勒，腹中怎会有一颗重量超过 30 米斯卡勒的大宝石呢?!"

那人闻听此言,顿时目瞪口呆,好不尴尬,脸上的表情煞是可笑……

一只鸟儿就这样耍弄了一个人。老鸟回望着小鸟说:"孩子,你现在可亲眼见识过了?!"

小鸟答道:"是的,我真的见识过了,可这个人怎会相信在您腹中有一颗超过您体重的宝石,怎么相信这种根本不可能存在的事情呢?"

老鸟回答说:"贪婪所致,孩子,这就是人类的贪婪本性!

(佚名)

自由与生命

因为任何生物都有对自由生活的追求,而这种追求无疑是值得肯定的。

八月的一天下午,天气暖洋洋的,一群小孩在十分卖力地捕捉那些色彩斑斓的蝴蝶,我不由自主地想起童年时代发生的一件印象很深的事情。那时我才十二岁,住在南卡罗来纳州,常常把一些野生的活物捉来放到笼子里,而那件事发生后,我这种兴致就被抛得无影无踪了。

我家在林子边上,每当日落黄昏,便有一群美洲画眉鸟来到林间歇息和歌唱。那歌声美妙绝伦,没有一件人间的乐器能奏出那么优美的曲调来。

我当机立断,决心捕获一只小画眉,放到我的笼子里,让她为我一人歌唱。显然,我成功了。她先是拍打着翅膀,在笼中飞来扑去,十分恐惧。但后来她安静下来,承认了这个新家。站在笼子前,聆听我的小音乐家美妙的歌唱,我感到万分高兴,真是喜从天降。

我把鸟笼放到我家后院。第二天,她那慈爱的妈妈口含食物飞到了笼跟前。画眉妈妈让小画眉把食物一口一口地吞咽下去。当然,画眉妈妈知道这样比我来喂她的孩子要好得多。看来，这是件皆大欢喜的好事情。

接下来的一天早晨，我去看我的小俘虏在干什么，发现她无声无息地躺在笼子底层，已经死了。我对此迷惑不解，不知发生了什么事，我想我的小鸟不是已得到了精心的照料吗？

那时，正逢著名的鸟类学家阿瑟·威利来看望家父，在我家小住，我把小可怜儿那可怕的厄运告诉了他，听后，他作了精辟的解释："当一只母美洲画眉发现她的孩子被关进笼子后，就一定要喂小画眉足以致死的毒莓，她似乎坚信孩子死了总比活着做囚徒好些。"

从此以后，我再也不捕捉任何活物来关进笼子里。因为任何生物都有对自由生活的追求，而这种追求无疑是值得肯定的。

（佚名）

心动后还要行动

行动永远比空想有用得多，就算是一次失败的行动，也会给你带来更多的梦想和无尽的启发。

两个9岁的男孩——罗伯特和麦克想赚钱，但想来想去，觉得社会上的确没有什么工作可以提供给像他们这样大的孩子。

经过苦思冥想，他们自以为找到了"最好"、"最快"、"最可靠"的赚钱方法。

在接下来的几星期里，罗伯特和迈克跑遍了邻近各家，敲开他们的门，问他们是否愿意把用过的牙膏皮攒下来给他们。迷惑不解的大人们微笑着答应了。有的问他们要它做什么，对此，他们回答道："这是商业秘密。"

几星期以后，他们已经攒了足够多的牙膏皮，他们决定把这些牙膏皮"变"成钱。

两个9岁的男孩在公路边合力"安装"了一条生产线，还要求罗伯特的爸爸来参观。

罗伯特的爸爸小心地走过来。他看见一个铜壶架在炭上，里面的废牙膏皮正在熔化（在那个时候，牙膏皮还不是塑料做的，而是铅制的）。当铅皮到达熔点时，罗伯特和迈克就非常小心地把溶液从牛奶盒顶的小孔中小心地注入到牛奶盒中。

最后，当溶液全部倒入石灰模后，罗伯特放下铜壶，向他爸爸绽开了笑脸。

他爸爸带着谨慎的微笑问道："你们在干什么？"

罗伯特说："我们正在'弄'钱，我们就要变成富人了！"

迈克咧嘴笑着点头补充道："是的，我们是合伙人。"

他爸爸有些好奇地问："这些灰模子里面是什么东西？"

罗伯特说："看，这是已经铸好的一炉。"说着，他用一个小锤子敲开了密封物，并把管子分成两半，他小心地抽掉灰模的上半部，一个铅制的五分硬币便掉了下来。

"噢，天啊，"他爸爸惊叫了起来，用手摸着额头："你们在用铅造硬币！"

迈克说："对啊，我们在自己挣钱呐。"

在一堆火和一堆废牙膏皮旁，两个白灰满面的小男孩正在开心地笑着。

罗伯特的爸爸微笑着摇着头。他要孩子们放下手里的东西，和他坐到屋外的台阶上，然后，他微笑着和蔼地向他们解释了"伪造"一词的含义。

孩子们的梦想破灭了！"你的意思是说这么做是违法的？"迈克用颤抖的声音问。

失望之中，罗伯特和迈克在沉默中坐了20分钟才开始收拾残局。罗伯特望着迈克沮丧地说："我们只能当穷人了。"

如果一个人在心动之后能行动，那他就是成功的。即使行动失败你也从中学到很多宝贵的经验教训。

（佚名）

非同寻常的出租车

　　人天生就爱美，大部分人不必接受任何教诲就懂得美是来之不易的。

　　我刚坐进这辆出租车，就感觉到了它的非同寻常：车厢地板上铺着山羊毛地毯，地毯边上撒着鲜艳的深秋红叶，玻璃隔板上镶着凡·高和高更名画的小幅复制品，车窗晶亮透明，一尘不染。

　　我对司机说，我从来没有见到过如此漂亮的出租车。

　　"我喜欢听到乘客这样赞美我的车。"司机笑着说。

　　"装饰得这么漂亮，这是你自己的车吗？"我问。

　　"不，这不是我的车，这是公司的。"他说，"多年以前，我还在出租车公司当清洁工的时候，就想到这个主意了。那时候，每天晚上车子回到公司停车场时，都龌龊得像个垃圾桶，地板上到处都是烟屁股和火柴梗，座位上或车门把手上总沾有一些黏糊糊的东西，像花生酱啦、口香糖渣啦什么的，让人看了很不舒服。我当时就想，如果有一辆值得乘客们去自觉保持清洁的出租车，他们或许就会更多地为别人着想了。我相信，人人都懂得珍惜美的事物。"

　　"后来，我领到了出租车营业执照，便马上用上了这个主意。我把公司给我驾驶的出租车收拾得干干净净，又自己掏钱去买来了一张漂亮的薄地毯和一些鲜花。每个乘客下车后，

　　我都要仔细地察看一下车子的卫生状况，因为我一定要让后来的每一个乘客都感觉到它的整洁。所以，我的车每天回到停车场后，都依然十分干净。这样过了大约一个月，我的老板就把这辆车交给了我承包，于是我又买来了那些名画复制品。"

　　"我从15年前就开始驾驶出租车了，我的乘客从来没有让我失望过。没有人在我的车厢地板上乱扔烟头，也没有谁会在我的车上乱抹花生酱或口香

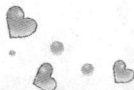

糖渣。先生，正像我听说的那样，每一个人都懂得珍惜美，也懂得欣赏美。假如我们的城市多种一些花草树木，将所有的楼房屋宇都打扮得干干净净，我敢和你打赌，一定会有更多的人不会在大街上乱扔垃圾的。"

我心想，这位司机正在述说着一条平凡的真理，但它同时也是一条重要的真理。人天生就爱美，大部分人不必接受任何教诲就懂得美是来之不易的。因此，当他们见到美好的事物时，他们的心灵就会立即作出相应的感应；而如果能让他们觉得自己本身就是美的一部分，那么，他们不仅不会去糟蹋美，而且会想方设法去爱护美，进而还会为美锦上添花。

(佚名)

运　气

"你是怎么找到我的？"她问道。"运气，"我微笑着说，"就是一点小运气。"

一位姑娘把一束鲜花放在火车站的书摊上，选好一本杂志，然后打开钱包。那束花开始向边上滑去，我伸出手去将花挡住。她当即对我嫣然一笑，接着拿起杂志和花转身走了，我上了火车后，又在车厢里见到了那位姑娘，她旁边有还有一个空座位。"这里有人坐吗？"我问她。她抬起头说："没有，你请坐吧。"

于是我坐了下来。我想与她交谈，但又找不到话题，真是可笑。于是我就抬头看行李架。她的那束花放在上面，还有她的蓝色小提箱。我看见小提箱上印着她姓名的缩写字母 Z·Y。这个名字不多见，我心里想。

火车开动了，驶出站台时，她站起身来推窗子。

"等等。让我来。"我说，连忙起来把窗子打开。

"我本来是想把窗子关上的。"她微笑着说。自然我表示了歉意，并把窗子关上了。从这以后就随便多了，我们开始交谈起来。

"你是去度假吗?"我问她。

"不，"她回答说，"只是去和父母亲住几天。"

"我也是，去一个星期。"

列车员推着食品车过来了，我提出请她喝咖啡。

"谢谢，"她说，"从早晨4点到现在，我还未喝一口水。"

后来我们又交谈了一会儿，当火车到达一个车站时，她站起身来，从行李架上拿下她的东西。我问她是否要下车，她说："是的，要换车了。""希望能再次见到你。"我对她说。

她说她也希望如此，然后下车走了。火车离开车站时我才突然意识到自己太笨了，连她的姓名也没有问。我不知道她住在哪里，也不知道她在哪里工作。我或许在这个城市里转上数年也不会碰到她。

而我很想再见到她，但有什么办法呢，关于她我知道什么呢?当然，我知道她姓名的首个字母是Z·Y，这又能告诉我什么呢?她叫"佐伊·耶顿"，还是"普诺比亚·亚罗"?不得而知。

返回市里以后，我翻看了电话本，以Y开头的姓有几页纸，但没有以Z开头的名字。

看来是没有希望了。我努力回忆着，有关她的情况我还知道些什么。她有一只印着她姓名首个字母的小提箱，她还拿了一束花。

花!她不可能是早上买的花，因为花店要9点才开门，而我们乘的火车是8点50分开。对了，火车站的西边有一家已经开门营业的花店。要看得见这花店，她一定是从西边进站的。

在西边停的有哪些公共汽车呢?我查询着，一共有3路，都通向市郊。

我还能想起些什么来呢?书摊，她在那里买了一本杂志。是什么杂志呢?我不知道，但我确实记得她挑选杂志的那个书架。我走到那个书架前看了看，上面摆放着各种杂志：《健筑业者专刊》、《高保真画刊》、《教师月刊》……她会不会是个教师呢?这不可能——她乘车那天不是周末。还有《电子学评论》、《护士杂志》……难道她是位护士?

我突然记起来，在火车上她说从早上4点起一口水也没有喝。早上4点，说明她刚下夜班。

我又看了看公共汽车的路线表，其中有一路车经过一家医院——皇家医院。

我来到这家医院，站在门口的车道上，观察着该在哪里询问。我看到一间房上写着"问询处"正想往那里走去，突然一辆救护车飞快地驶入，我不知道自己为什么没有及时让开，我只觉得被车的侧面剐了一下，以后便什么也不知道了。当我醒来时，发现自己躺在床上，我问道："我这是在哪里？"

"你在医院。"一位护士告诉我。

"你们这里有没有一位姓名的首个字母是 Z·Y 的护士？"我问她。

"我就是，"她说"我名叫泽娜·耶茨。有什么事吗？"

"你不可能是，"我说。"任何一家医院不可能有两个姓名首个字母都是 Z·Y 的人。"

我在那里想了好几个小时，思考着如何才能找到我要找的人。后来我与这个名叫泽娜？耶茨的护士说起那件事，她解开了这个迷。"我把自己的小提箱借给了另外一位护士，她的名字叫瓦莱里娅·沃森。"

我想见的她最后终于出现了。她坐在我床边，嘴角带着一丝愉快的神情。"你是怎么找到我的？"她问道。

"运气，"我微笑着说，"就是一点小运气。"

（佚名）

拿出一万个小时来

天分只是人的一小部分，更多的要靠我们自身的努力。

到目前为止，你总共在自己本来有兴趣的事情上对自己说过多少次"唉，我看我没有天分，还是算了吧"的话呢？

这句话通常被用来当做宣告某一段努力完全失败的休止符。天分有那么重要吗？

我访问过一位4岁就被称为音乐神童、长大之后也在音乐方面有相当成就的大提琴手。他一开始就否认自己是个天才。他说，他在美国接受访问常被问到的问题是：在他的成功之中，天分占了多少比率？"我想，20%不到吧……不过，在这20%当中，我那从小就逼我学琴、不让我出去玩的妈妈，大概贡献了15%以上。"

天分确实因人而异，但我们常高估了它的影响力。回头想想，我曾经说过的"没天分，还是算了吧"的话还真的不少呢。老实说，多半因为我懒惰，不想持续，或在还没学到足以印证自己有天分的时候，就悄悄打了退堂鼓。

我曾与一位园艺高手在某个阳光充足的办公室里等候，他指着一株几乎生气全无的盆景对我说："上一次我来这里，这种竹子还生气蓬勃，现在竟然变成这个样子。照顾植物跟学习任何事情都有相通的道理：如果你天天花点时间照料它，它就会长得很好；如果你疏忽了它几天，它就会出现残败之相，愈看它，愈觉得对不起它，愈对不起它愈不想看它，不久，它就一命呜呼了。"有多少可能会改变我们人生方向或增添人生乐趣的事，因为这种"愈荒废愈害怕"的理由一命呜呼呢？听了他的话，我若有所悟。

很多人跟我一样都有虎头蛇尾的倾向。不是不想努力，只是没有持续。有时是——刚开始过度努力，不久就弹性疲乏；或是刚开始的时候还蛮有兴趣，遇到了一点困难之后，就告诉自己："我没天分，算了吧。"然后三天打鱼，两天晒网。

英国埃克塞特大学心理学教授迈克·侯威专门研究神童与天才，他得出的结论很有意思："一般人以为天才是自然发生、流畅而不受阻的闪亮才华，其实，天才也必须耗费至少10年光阴来学习他们的特殊技能，绝无例外。要成为专家，需要拥有顽固的个性和坚持的能力……每一行的专业人士都投注庞大的心血，培养自己的专业才能。一个人再有写作的才华，也要靠训练和经验才能抓住文学技巧的窍门。所有成功的作家一辈子都是读者，而且大多数在年幼时就养成习惯，将思想付诸文字……在童年尚未结束之前，很多杰出作家早就尝试过要写一本书。"

　　这位心理学家也统计过，以学钢琴为例，如果想要变成还不错的业余钢琴家，至少需要专注地投入 3000 个小时的训练；如果想成为专业水准，一万个小时是跑不了的，像西洋棋、各种运动和外语，想要成为专业人士，用的时间也差不多。

　　从这一点来看，我们学习上的种种小挫败，并非没有天分，而是没有"持续贡献"。

　　不只是学习。一般女性最热衷的减肥也是"不需努力，只要不懈"。疯狂减肥的人总是会失败。据统计，采取速成减肥法或节食减肥，在停止减肥三个月内恢复体重的超过 90%，而有不良副作用的也占 70%。

　　一位健身教练也对我提出他的忠告："运动不需努力，只要持续，你一定可以瘦得下来。我最怕那些刚开始像拼命三郎的家伙，他们的元气总是会在短时间方内耗尽。"

　　不用太努力，只要坚持下去，我总是这样告诉自己，想拥有一辈子的专长或兴趣，就像跑一个人的马拉松赛一样，最重要的是跑完，而不是前头跑得有多快。

（佚名）

一滴水珠

　　地上的原始森林和天上的星星都是在亿万年前还没有我们人类的时候就有了的。

　　一滴露珠垂挂在我脸的上方，清莹莹，沉甸甸。柳叶使它滞留在叶面的折槽里，露珠的重量还胜不过，或者说，暂时还无法胜过柳叶的柔韧。"别掉下来！别掉下来！"我念叨着，祈求着，祝祷着，全身心领略着内心和外界的宁静。

森林的深处好像听得到一种神秘的气息，轻微的足音。甚至觉得天空中浮云也像是别有深意，同时神秘莫测地在行动，也许，这是天外之天或者"天使翅膀"的声响？！在这天堂般的宁静里，你会相信有天使，有永恒的幸福，罪恶将烟消云散，永恒的善能复活再生……

小伙子们都睡得很香。

……我们常常会不加深思地唱些高调。比如总是唠叨说：儿女是我们的幸福，是我们的喜悦，是我们的光明的未来！但儿女也是我们的痛苦！是我们永难摆脱的忧虑！儿女，是我们接受人世审问的法庭，是我们的镜子。在这面镜子里，我们的良心、智慧、真诚、贞洁——一切都一览无遗。儿女能拿我们作掩体，而我们却永远也不会把他们当掩体。还有：不管他们如何有地位，有才智，有势力，可他们总是需要我们做父母的庇护和帮助的。当你想到我们在世的日子已经为时不多，那时他们将孤单单地留在世间，除去父亲和母亲，谁还能了解他们是什么样的人呢？谁能不计较他们的短处呢？谁能理解他们？原谅他们？

而这一滴露珠呀！

如果它掉到地面上，怎么办？唉，如果能安心地把儿女留在一个太平无事的世界上那该多好呢！

但是这一滴露珠，露珠！……

我把双手放到脑后。我看到在叶尼塞河不远处，灰蒙蒙如洗的晴空里，很高很高的地方，有两颗忽明忽暗的小星星，它们像原始森林里舞鹤草的花籽那般大小。星星那神灯样的光辉，那种神秘莫测和超凡脱俗，总会在我的心里引起一种夹杂着痛苦和忧郁的慰藉。如果有人对我说"彼岸世界"，那么我想象的不是什么阴曹地府，不是黑暗，而是这些微弱的、遥远的、一亮一亮的小星星。但我还是奇怪，究竟为什么这些微弱的、遥远的小星会使我充满忧伤呢？其实，这有什么可奇怪的呢？随着年龄的增长，我领悟到：欢乐是过眼烟云，转瞬即逝，常常是虚幻的；而忧郁却是永恒的、令人得益的、始终不渝的。欢乐总像昙花一现，不，更像闪电破空，夹着隆隆雷声飞驰而过。忧伤却像那神秘莫测的星星，虽然发出的是幽幽的光，却是昼夜不熄的。它能引起你萦怀亲人，思念

爱情，憧憬某种神秘玄奥的事物，也说不清究竟是想到了令人苦恼而又甜蜜的过去，还是想到了那诱人的，而且使人难以捉摸而令人既畏怯又向往的将来，忧伤像个明智的成年人，它已经存在千百万年了。欢乐则永远是童蒙稚年，天真烂漫，因为它在每个人的心灵中获得新生。年事越长，欢乐就越少，犹如花朵，林子越密，花就越少。

然而这与天空、星星、夜晚、原始森林的黑暗有什么相干？地上的原始森林和天上的星星都是在亿万年前还没有我们人类的时候就有了的。一些星星陨灭了，或者碎成片片，但接替它们在天上又繁衍起另一些星星。原始森林的树木死死生生。

一些树毁于雷电，被河水冲倒，另一些树的种子洒落到水里，或者随风散播。鸟儿从雪松上把松球扯下来，啄食坚果，结果使它们散落到苔藓地里，生根成长。我们自以为是支配着自然界，要它怎么样就能怎么样。但是，当你一旦窥见了原始森林的真面目，在它里面呆过并领略过它医治百病的好处以后，这种错觉就会不复存在，那时，你将震慑于它的威力，感受它的寥廓虚空和伟大。

（佚名）

任何时候都要充满自信

因为我们失去了自信，有些事情才显得难以做到。

2001年5月20日，美国一位名叫乔治·赫伯特的推销员成功地把一把斧子推销给了小布什总统。布鲁金斯学会得知这一消息，把一只刻有"最伟大的推销员"的金靴子赠予了他。这是自1975年以来，该学会的一名学员成功地把微型录音机卖给了尼克松后，又一学员获得此项殊荣。

布鲁金斯学会始创于 1927 年，以培养世界上最杰出的推销员闻名于世。它有一个传统：在每期学员毕业时，都设计一道最能体现推销员能力的实习，让学生独自去完成。克林顿当政期间，他们别出心裁地出了这么一道题目：请把一条三角裤推销给克林顿总统。八年间，有无数个学员为此绞尽脑汁，最后都无功而返。克林顿卸任后，布鲁金斯学会把题目换成：请将一把斧子推销给小布什总统。

鉴于前八年的失败与教训，许多学员知难而退。有些学员甚至认为，这道毕业实习题会和克林顿当政时的那道毕业实习题一样，无人能够完成，因为小布什什么都不缺，即使缺什么，也用不着他亲自购买，也不一定正赶上你去推销的时候。

然而，乔治·赫伯特却做到了，并且没有花多少工夫。一位记者在采访他时，他是这样说的："我认为，第一，把斧子推销给小布什总统是完全可能的，因为小布什总统在得克萨斯州有一座农场，那里长着许多树。于是我给他写了一封信，说：'有一次，我有幸参观您的农场，发现那里长着许多桔树，有些已经死掉，木质已变得松软。我想，您一定需要一把小斧头，但是从您现在的体质来看，这种小斧头显然太轻，因此您需要的是一把不甚锋利的老斧头。现在我这儿正好有一把这样的斧头，它是我祖父留给我的，很适合砍伐桔树。倘若您有兴趣的话，请按这封信所留的信箱给予回复……'最后他就给我汇来了 15 美元。"乔治·赫伯特成功后，布鲁金斯学会表彰他的时候说："金靴子奖已设置了 26 年。26 年间，布鲁金斯学会培养了数以万计的推销员，造就了数以百计的百万富翁，这只金靴子之所以没有授予他们，是因为我们一直想寻找这么一个人——这个人从不因有人说某一目标不能实现而放弃，从不因某种事情难以办到而失去自信。"

乔治·赫伯特的故事在世界各大网站公布之后，一些读者纷纷搜索布鲁金斯学会的网站，他们发现在该学会的网页上贴着这样一句格言："不是因为有些事情难以做到，我们才失去自信；而是因为我们失去了自信，有些事情才显得难以做到。"

（佚名）

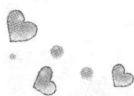

写下你的历史

历史就在我们手里，虽然字迹褪了色，却仍然很清楚。

写日记，把往事赠给未来。

那天晚上时间似乎过得很慢，我手里的神秘故事书越看越乏味。妻子蓓蒂好像也觉得厌烦，编织一会儿就停了下来。随后她走到书架前，看看最底层那长长一排装订简陋的书。

"想不想知道五年前的今天我们在做什么？"她打开手里的书翻看，"我们正在度假，在缅因州住了两星期。"

真的？我忘了。

"那天天气真好，"蓓蒂说。她微笑坐下，回想当日的情景。

是的，我记起来了。我们坐在俯临海港水面的长凳上，泊在岸边的渔船，随波起伏，一艘渔船出来了，系在船坞内，我们朝船里望去，只见渔夫脚下有一只大篮子，装了半篮龙虾。海鸥在空中盘旋，又猝然下降。蔚蓝的天空，点缀着棉絮似的朵朵浮云。

蓓蒂翻到下一页。"第二天我们坐船游览，记得吗？"

"记得很清楚，"我说，"我还记得我到深海去钓鱼那天。我们出海一整天，我钓到两条鳘鱼。"

黄昏不再沉闷。蓓蒂的日记使那可爱假期的每一天又都重现脑际。我们差不多每三四个月就拿日记来看看，重温已经淡忘的快乐往事。

她合上日记，从书架底层又取出另一本来，她25年来的日记都放在那里。

记的是我们25年的共同生活。较旧的日记都用盒子盛着，放在地窖里。

"20年前，"她说，"听着，米高读暑期班，因为他英文不及格。他几乎每一科分数都很低。他带功课回家，结果只对着书做白日梦。"

可是岁月如流，人生多变。米高现已结婚，有了两个孩子。他是个教师，有硕士学位，还有其他学术成就。他母亲和我以前都为他成绩不好担忧，还怕他将来事业难成。日记能助我们深刻了解事物，平衡偏差点；日记能教我们少烦躁，别匆匆经过花园，应稍停脚步，欣赏玫瑰的芬芳。

一阵翻书页的声音。"嘉露10岁的生日会上，有14个孩子参加，都是女孩，"蓓蒂念道，"她们傻笑、尖叫、低声说秘密。一个女孩打翻了冰淇淋，弄脏了衣裙。"

现在嘉露已是成年妇人，有自己的生活和责任。

我们坐下来回想，这就是日记的力量。发人深省，记起过往的日子。

要是你记日记，你会发现你的日常生活有微妙而有趣的蜕变。你会像记者一样，能注意得到每日发生的许多小事。春天第一只知更鸟是什么时候回来的？今年什么时候最后一次霜打坏了你满怀希望撒下的花种，我上次加薪又是什么时候（似乎已经好几年了）？攒钱出国观光那一次是怎么玩的？这都是值得记忆的日子，不应忘掉的日子。

日记是你一生经历的史志，可以是写来给家人阅读和消遣的，也可以是记载私下里最秘密的渴望和抱负的。尚未写的空页将是你最和善最乐意听你倾诉的好友，等着你说要说的话，然后由你收起，锁上，始终默不作声。

蓓蒂的日记载有食谱、生日、结婚纪念日，也记下了那百感交集，在残阳照耀中执手相看，泪眼模糊的情节。

蓓蒂的日记里还藏着一本书，这本书已出版了。我们有一艘帆船，事实上，我们先后有过四艘不同的船。我从她的日记里把航行故事用纸笔记下来，为的是要使我们后代儿孙还能知道我们生活中那片段详情。这是一件极有趣的事，每当晚上在家空闲时，蓓蒂和我就一同阅读有关航行的记载。我们读那些描述，谈那些往事，然后我再把故事写下来，共写了8.5万字。有位出版商看见了，就把它拿去出版。

日记能使我们正确地观察事物。几年前蓓蒂在日记里写："我们为账单发愁，夜不成寐，房租、电费、牙医、保险……哪里去找钱？"当时真到了穷途末路。

　　我们看这些字句，回顾那段坎坷的日子，却记不起钱是怎样筹措的，但不论怎样，我们筹到了。如今看这几页日记，我们明白了事情通常不像表面看起来那样糟，每 24 小时太阳会再升起一次。

　　不知多少次我们听人说："我家庭的历史，我的一生，都可以写成一本书！"假如你是这么个人，为什么不立刻着手写？记忆是很薄弱而短暂的。

　　90 年前，我父亲从爱尔兰乘船移民到美国，船走了三个月才到，途中屡遇风险。父亲记忆犹新时，我年纪还小，不懂得问他。后来我年龄渐长，开始好奇，便问他为什么要三个月才渡过大西洋。他只记得浪卷走了舵，风扯碎了帆，有好几个人丧生。事隔多年，他连到达纽约时的心情都记不起来了。"我想我很害怕，"他说，"我想我很紧张，我忘了。"要是父亲写日记，多好！

　　蓓蒂的祖父完全不同。他在美国内战时曾参加北军。我们保存着他 1864 至 1865 年的日记。他在 1865 年 4 月 16 日写下："今天星期日，我奉命站岗，但并无固定岗位。恰接报告，获悉林肯总统遇刺身亡。如消息属实，万分悲痛。"这是历史，历史就在我们手里，虽然字迹褪了色，却仍然很清楚。

　　任何人的生命都在无情的岁月中度过。伟大人物的一生记下来留给后人看，可是你的一生，我的一生又怎样？我们在地球上的时间和空间里度过一生，难道不应该留下记录？我们的后代都想知道我们从什么地方来，借此知道他们从什么地方来。日记可能成为未来的无价遗产。

　　　　　　　　　　　　　　　　　　　　　　　　　　　　　（佚名）

自己先快乐起来

己先快乐起来，这样就可以生活更快乐。

圣诞节前夕，威廉·里德洛和妻子及三个孩子一起到法国旅游。

一次，从巴黎到尼斯去。一连五天事事不顺，下榻的旅店勒索敲诈，租来的汽车又出了毛病，令人懊丧。圣诞之夜，威廉一家住进了一个又脏又暗的小旅店，心中早无欢度圣诞节的兴致。

天气寒冷，阴雨绵绵，威廉一家出外就餐，走进一家装潢草率、毫无生气的小饭铺。铺内油腻味特别重，只有五张饭桌，一对德国夫妇，两家法国人，还有一个没带伙伴的美国水兵。角落里坐着一位钢琴手，无精打采地弹奏着一首圣诞乐曲。

威廉心灰意懒，情绪低落，实在不愿再上它处了。环顾四周，发现其他顾客也都沉默地吃着饭，只有那位美国水兵似乎心境特佳，他一边用餐，一边写信，脸上露出笑意。

威廉的妻子用法语订了饭菜，可端上来的却是另外的东西。他责备妻子，她抽抽搭搭地呜咽起来，孩子们站在妈妈一边护着她。威廉真是心乱极了！

坐在威廉左边的那一家法国人，做父亲的因为一点鸡毛蒜皮的小事动手打了小孩子，小孩开始嚎啕大哭；右面，德国女人训斥起她的丈夫来。

这时，一股毫无清新之意、令人生厌的冷空气涌进屋内，大家不约而同地抬起了头——正门走进一个上了年纪的法国卖花女，她身穿一件旧外衣，水淋淋的，一双破烂的鞋子也湿透了。她挎着一篮花，从一张饭桌挪向另一张饭桌。

"买花吗，先生？只要1法郎。"

众人无动于衷。

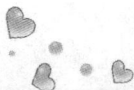

卖花女疲惫地坐在美国水兵和威廉一家之间的桌子旁，朝店员喊道："来一碗汤！整个下午连一束花也没卖出去。"紧接着，她又声音嘶哑地向钢琴手抱怨，"约瑟夫，圣诞前夕喝汤，你说是啥滋味？"

钢琴手指指挂在腰间空荡荡的钱袋子。

年轻的水兵用完了餐，起身准备离开。他穿好衣服，走到卖花女的桌旁。

"圣诞快乐！"他微笑着挑出两束胸花，"多少钱？"

"2法郎，先生。"

水兵将其中一束小巧的胸花压平，夹在写完的信中，然后交给卖花女一张20法郎的钞票。

"我没零钱，找不开，先生！"她说，"我跟店里的伙计先借一点儿。"

"不必了，夫人。"水兵俯身亲吻了一下她那苍老的面容，"这是我赠送给您的圣诞礼物。"

接着，他直起身，将另一束胸花拿在胸前，来到威廉一家的桌旁，"先生！"他对威廉说，"我可以将这些花献给您漂亮的女儿吗？"

他迅速将花递给威廉的妻子，祝愿他们一家圣诞快乐后便离开了店铺。

在座的每一个人都中止了用餐，望着水兵，寂静无声。转眼间，圣诞节的气氛像爆竹一样在店内骤然作响。

年老的卖花女跳起来，挥动20法郎，蹒跚地走到屋子中央，欢快起舞，并冲着钢琴手嚷嚷："约瑟夫，我的圣诞礼物！另一半归你，你也可以痛痛快快吃一顿了！"

约瑟夫急速弹奏《开明国王温西斯丽思》，他的十指魔术般地按着琴键，脑袋伴随节奏晃动不止。

威廉的妻子不失时机，随着音乐挥舞胸花。她热泪盈眶，容光焕发，仿佛年轻了20岁。她开始歌唱，三个孩儿也与妈妈一道，纵情高歌。

"妙，太妙了！"德国人大声叫喊，他们跳到椅子上，唱开了德国歌曲；店员搂抱着卖花女，摆动臂膀，用法语一展歌喉；动手揍孩子的那个法国人用餐叉敲击酒瓶打拍子，他的小孩骑在爸爸的膝上，咿咿呀呀；德国人为每一位顾客订了酒并亲自送上前来，与大家紧紧拥抱；另一家法国人要来香槟，诼卓敬酒，亲吻大家的双颊。店主开始高唱《第一个圣诞节》。大家都放开歌喉，一半人还哭了。

行人从街上拥入店内，许多人都无法入座。大家和着圣诞颂歌的节拍手舞足蹈，墙壁也随着振动。

在这个装饰简陋的饭铺内，一个原本让人沮丧的夜晚变成了最好的圣诞之夜。大家能拥有这样的经历，完全是因为遇见一位心灵中圣诞情意不灭的年轻水兵，他把大家因恼怒和失望而压抑着的爱情与欢乐释放了出来。他赠予了大家这个圣诞节！

（佚名）

石头下面的一颗心

　　如果你是石头，便应当做磁石；如果你是植物，便应当做含羞草；如果你是人，便应当做意中人。

把宇宙缩减到唯一的一个人，把唯一的一个人扩张到上帝，这才是爱。

爱，便是众天使向群星的膜拜。

上帝在一切的后面，但是，一切遮住了上帝。东西是黑的，人是不透明的。爱一个人，便是要使他透明。

某些思想是祈祷。有时候，无论身体的姿势如何，灵魂却总是双膝跪下的。

相爱而不能相见的人有千百种虚幻而真实的东西用来骗走离愁别恨。别人不让他们见面，他们不能互通音信，他们却能找到无数神秘的通信方法。他们互送飞鸟的啼唱、花朵的香味、孩子们的笑声、太阳的光辉、风的叹息、星的闪光、整个宇宙。这有什么办不到呢？上帝的整个事业是为爱服务的。爱有足够的力量可以命令大自然为它传递书信。

啊！春天，你便是我写给她的一封信。

未来仍是属于心灵的多，属于精神的少。爱，是唯一能占领和充满永恒的东西。对于无极，必须不竭。

上帝不能增加相爱的人们的幸福，除非给予他们无止境的岁月。在爱的一生之后，有爱的永生，那确是一种增益；但是，如果要从此生开始，便增加爱给予灵魂的那种无可言喻的极乐的强度，那是无法做到的，甚至上帝也做不到。上帝是天上的饱和，爱是人间的饱和。

如果你是石头，便应当做磁石；如果你是植物，便应当做含羞草；如果你是人，便应当做意中人。

深邃的心灵们，明智的精灵们，按照上帝的安排来接受生命吧。这是一种长久的考验，一种为未知的命运所做的不可理解的准备工作。这个命运，真正的命运，对人来说，是从他第一步踏出墓穴时开始的。到这时，便会有一种东西出现在他眼前，他也开始能辨认永定的命运。永定，请你仔细想想这个词儿。活着的人只能望见无极，而永定只让死了的人望见它。在死以前，为爱而忍痛，为希望而景仰吧。不幸的是那些只爱躯壳、形体、表相的人，唉！这一切都将由一死而全部化为乌有。应当知道爱灵魂，你日后还能找到它。

（佚名）

"你不是最好的，但我只爱你……"

要接受对方，当然首先要接受他那使你感到可爱、可接受的部分。但同时也要接受他的所有部分即他的整体。

有一次，一位妇女对我说："我丈夫在和我结婚前是一个热情而又懂得体贴的男人，他那时几乎一分钟也离不开我。可结婚以后，他却老是躺在沙发上看电视，一有球赛就把我晾在了一边。他原先像一盆火，可如今却像一个冷血动物。"

她的丈夫却反唇相讥道："这可太好笑了！你没有在镜子里照照自己？

我们结婚时你是那样可爱迷人，现在呢？简直成了个老太婆！"

如果这不是一时的气话，那么，这种既伤害感情又幼稚可笑的争吵，说明了这对夫妇都不能容忍配偶的缺点，相互之间也缺乏关心和爱护，而且彼此都已不能接受对方。这是婚姻关系中的一种极其危险的态度。

作家裘迪斯·弗罗斯特有一次曾说过大意如下的话：

什么叫迷恋？就是你觉得他像电影演员一样英俊潇洒，像诺贝尔文学奖得主那样文采斐然，像喜剧片导演那样幽默风趣，像网球明星那样身手矫健，像大科学家那样博学睿智。但什么是爱情呢？那就是当你知道他并不是上面那些人，而且还明白他存在着种种缺点时，却仍然选择了他。

"你不是最好的，但我只爱你……"这正是爱情的定律之一。

要接受对方，当然首先要接受他那使你感到可爱、可接受的部分。但同时也要接受他的所有部分即他的整体。当然，这并不意味着你一切都得随和他、听从他，然而也不能因为他的缺点和弱点而抛弃他的全部。

(佚名)

把生活当成艺术

把生活当成艺术，用一颗艺术的心灵去对待生活，善于采撷生活中点点滴滴的情趣，生活会把美好的一面回馈给你。

有一次，英国游客杰克到美国观光，导游说西雅图有个很特殊的鱼市场，在那里买鱼是一种享受。和杰克同行的朋友听了，都觉得好奇。

那天，天气不是很好，但杰克发现市场并非鱼腥味刺鼻，迎面而来的是鱼贩们欢快的笑声。他们面带笑容，像合作无间的棒球队员，让冰冻的鱼像棒球一样，在空中飞来飞去，大家互相唱和："啊，5条鳕鱼飞往明尼苏达去了。""8 只蜂蟹飞到堪萨斯。"这是多么和谐的生活，充满乐趣和欢笑。

杰克问当地的鱼贩："你们在这种环境下工作，为什么会保持愉快的心情呢?"

鱼贩说，事实上，几年前的这个鱼市场本来也是一个没有生气的地方，大家整天抱怨，后来，大家认为与其每天抱怨沉重的工作，不如改变工作的品质。于是，他们不再抱怨生活的本身，而是把卖鱼当成一种艺术。再后来，一个创意接着一个创意，一串笑声接着另一串笑声，他们成为鱼市场中的奇迹。

女作家玛利·韦伯说："不论你爱好什么都可以，但是，你总得有所爱好。"因为你有所爱好，精神才会有所寄托，心灵才有所附着。至于这一位女作家自己，她本身所爱好的有两样：一是大自然，一是文学。她那并不宽敞的园圃内，四季开满了可爱的花卉，她晨昏守望在花园里，内心充满了不可言喻的喜乐。她为了使人分享到她园中的芳馨，同时，更为了以极诗意的工作来减轻丈夫生活的重负，她常是黎明即起，将一些带露的花朵剪了下来，放置在挑筐里，背负到城中去叫卖，往往在午前才能回到家中。有时她中途遇雨，回来时满头满身都湿淋淋的，但她并不以为意，一边用帕子拭着她头上额间的雨水同汗珠，一边笑着对她的家人说："我已经完成了一件美的工作了!"

然后，她走到她的书桌边，展开纸，拿起笔，才写了没有几行，看看天已将午，她便又匆匆地赶到厨房，将面粉调好，做成饼子，放在火上焙烤着，随即，擦擦手上的面粉，又拿起她的笔来。当她文思潮涌，写得正起劲的时候，一阵阵的焦味就自厨房的锅子里飘了进来。她望着身边的丈夫，带着几分歉意地笑笑，赶紧跑到炉边。她的丈夫对她也极能体贴，饼子即使烤焦了，他也仍然觉得好吃，因为他深深地了解他那个年轻的妻子，知道她爱自然，爱文学，同时，更爱他，为了她这种种的"爱"，做丈夫的便轻轻地原谅了她——那个可爱的妻子兼愚笨的厨娘。

玛利·韦伯在那样艰苦的环境下，却能生活得那样快乐，那完全是由于她的精神有所寄托。所以，她穷困到步行数十里到城中去卖花时，她繁忙到写几行文稿就要到厨房里去翻看面饼时，她的内心仍不怨不尤，她只说："我已经完成了一件美的工作!"她只向她的丈夫发出带歉意的甜美的笑容。

她懂得生活,了解生活的艺术,倾心于美的、崇高的、有意义的事物与工作,最后,她的生活的本身就变成了艺术!破陋的屋子、粗劣的饮食,有什么关系呢?不合时的旧衣裳、繁累的苦作,又有什么关系呢?什么能阻拦住一颗纯真、纯朴而快乐的心灵,向往那最崇高的美的境界,如同云游鸟逍遥地飞向高空。

(佚名)

人生箴言

一味地把他人与自己相比,这种生活态度是渺小的。

我认为人生中不能没有爽朗的笑声。爽朗的笑是"家庭中的太阳"。我希望能有打内心里为他人的喜悦而喜悦的余裕。在这样的生活态度中,每一天都会给我们留下一些明朗愉快的东西。只看人的阴暗面的生活态度,最后只会扩大阴暗抑郁的世界,从而导致自己的失败。

我希望能在真正的自我中,始终保持不断创造新事物的创造性和为人们为社会做出贡献的社会性。在平凡的生活中仍能发现新鲜的感动和喜悦的人,可以说是使自己生活得富有创造性。我希望从风中颤动的一片树叶上也能听到光线的脉搏的跳动;我希望能培养出一颗在路旁开放的无名的野花上也能发现美的心灵。但这不能是感伤。我希望的丰富的心灵,应当充满了正义和勇气,能以强韧的生命力去冲破任何惊涛骇浪。

一味地把他人与自己相比,这种生活态度是渺小的。他人有他人的使命,自己有自己的使命。应当以这样广阔的心胸,从昨天到今天,从今天到明天,一步一步地登上进步与向上的坡道。这样的力量才是真正的青春活力。

信用这东西积累起来很难，毁坏起来却很容易。花十年时间积累起来的信用，可能会由于一时的微小的言行而丧失。仅凭雕虫小技粉饰表面的镀金，到关键的时刻会剥落罄尽。能在苦难中勇往直前地完成自己使命的人，最后总会赢得所有人的信用。即使每天做着朴实无华的、谁也看不见的工作，但能够重视它，为了自己的建设，顽强地一步一步地前进。我打内心里尊敬这样的人。

（佚名）

变换心境

我最想说的一句话便是：变换心境等于变换生命。

朋友患先天性心脏病，一年中有一半的时间是在医院里。每次她住院我去看她，朋友总是显得很悲观，很颓唐。这一次，我去看她的时候，她却正在医院的草坪上和久违的几个小朋友兴高采烈地玩捉迷藏。看着朋友神采飞扬的笑脸，我不胜惊愕。朋友说："我已经停止了抱怨。没有一个健康的身体，是我无力改变的事实。但是，生活的质量并不仅仅决定于一个健康的躯壳，我还是可以活得积极开心。变换心境也就等于变换了生命。"

我想起了一个名叫维克多·弗兰克的德国精神医学博士，他曾经在纳粹的集中营里饱受了饥寒凌虐的非人生活。在这随时都有死亡之虞的人间地狱里，弗兰克不仅没有绝望，反而在苦难中找到了生命的意义。有一次，弗兰克随着漫长的队伍由营区步向工地。天气十分寒冷，他不断想着这种悲惨生涯中层出不穷的琐事。诸如：今晚吃什么？鞋带儿断了，如何才能再弄一根来？

这种满脑子只想着芝麻小事的处境，让弗兰克十分厌倦。他强迫自己把思路转向另一个主题。突然间，他看到自己正置身于一间宽敞明亮的讲堂，正面对来宾们发表演讲，演讲的题目则是关于集中营的心理学。那一刻他感觉自己身受的一切苦难，从科学立场上看，就全都变得客观起来。此后，弗兰克以一个精神医学家的感觉来面对集中营的生活，一切难耐的苦难顿时成了弗兰克兴趣盎然的心理学研究题目，他不再感觉痛苦。

看来，朋友和这位弗兰克博士的经历倒有异曲同工之妙。想到我自己，人微言轻，一名普通的家庭主妇，每天陷于柴米油盐酱醋茶中，买菜做饭，洗衣拖地，这样手脚不停，做的却是生活中一件件微不足道的小事，而且还要日复一日、年复一年地做下去，生活是烦琐的，感觉是疲惫的。特别是在做好了饭菜，等人回家的时候，火气便在等待中渐渐燃旺。

家庭中的武力摩擦便时有发生。作为一名普通的妻子、母亲，操心一家人的吃喝拉撒是我无法推卸的责任，那么，唯一可以变换的，便只有我的心境了！

有一次，我做好了饭菜等着吃饭的人归来的时候，站在阳台上，突然想到：看着天上的白云，等一个人回家，是一件要多浪漫有多浪漫的事。平生第一次，我不再觉得等待一个人的滋味可怜。这一发现让我开始试着以快乐的心情面对生活。我发现，那些曾让我怨气冲天的家务琐事其实或多或少都包含着乐趣。几番整理，乱糟糟的家顿时变得整洁雅致。我一个人站在屋子中间高兴地对自己说："你真能干。"孩子回来不到10分钟，沙发上的垫子已全部错位，而我，只是学着欣赏孩子的活泼。变换心境，使我从平凡琐碎的生活中找到了乐趣。

每天清晨，当我从梦中醒来，推开窗子，我最想说的一句话便是：变换心境等于变换生命。

（佚名）

心有多大，世界就有多大

心就是一个人的翅膀，心有多大，世界就有多大。如果不能打碎心中的四壁，即使给你一片大海，你也找不到自由的感觉。

有一条鱼在很小的时候被捕上了岸，渔人看它太小，而且很美丽，便把它当成礼物送给了女儿。

小女孩把它放在一个鱼缸里养了起来，每天它游来游去总会碰到鱼缸的内壁，心里便有一种不愉快的感觉。

后来鱼越长越大，在鱼缸里转身都困难了，女孩便给它换了更大的鱼缸，它又可以游来游去了。

可是每次碰到鱼缸的内壁，它畅快的心情便会黯淡下来，它有些讨厌这种原地转圈的生活了，索性静静地悬浮在水中，不游也不动，甚至连食物也不怎么吃了。

女孩看它很可怜，便把它放回了大海。

它在海中不停地游着，心中却一直快乐不起来。

一天它遇见了另一条鱼，那条鱼问它："你看起来好像闷闷不乐啊！"

它叹了口气说："啊，这个鱼缸太大了，我怎么也游不到它的边！"

我们常常就像那条鱼，在鱼缸中待久了，心也变得像鱼缸一样小了，不敢有所突破。即使有一天，到了一个更为广阔的空间，已变得狭小的心反倒无所适从了。

(佚名)

与青春对话

要"结交益友",只有自己先成为"益友"。物以类聚,好人的周围会集结好人。

我以结交众多世界一流人士为荣。这些人对交谈的内容,不说谎、不利用、言行一致。从某一个层面来看,为贡献社会交换彼此的意见,这心灵的交流最为尊贵、强韧。

他们的人生必拥有深厚的信念和哲学。他们努力贯彻正确的人生观,谦虚为怀,力图贡献。

在同一层次上,和这种登峰造极的人不谋而合,就是理想的友情。当人类失去这样的友情时,将坠入永远的黑暗当中。

这是真正伟大的人的排名

曾听说,在 19 世纪,法国总统受邀参加一位大富豪所举行的晚宴,到场后发现,总统的席次竟然是第十六位,排名第一位的是铁路工程师,第二位是文学家,第三位是化学教授。

一位来宾问主人为何如此安排,主人回答:"这是真正伟大的人的排名,所谓伟大,是指那人不可或缺,不可取代。"就是说,排名第一的工程师是因为他身怀世界最尖端的技术,谁也不能取代。第二三位也是一样;但是,总统却并非他才能当。

好人的周围集结好人

很多时,朋友对自己的影响远远超过父母或其他人。结交有上进心的好友,也会使自己争上游。在钢铁大王卡耐基的墓碑上刻着这样一段话:"一个集结了比自己更优秀的人于四周的人，长眠于此。"这也是他的人生观吧！

结论是，要"结交益友"，只有自己先成为"益友"。物以类聚，好人的周围会集结好人。

（佚名）

赞扬的魅力

> 如果没有赞扬和鼓励，任何人都会丧失自信。

百老汇的一位喜剧演员有一次做了个梦：自己在一个座无虚席的剧院给成千的观众表演——讲笑话、唱歌，可全场竟没有一个人发出会意的笑声和鼓掌。

"即使一个星期能赚上十万美元，"他说，"这种生活也如同下地狱一般。"

事实上，不只演员需要鼓掌。如果没有赞扬和鼓励，任何人都会丧失自信。可以这样说：我们大家都有一种双重需要，即被别人称赞和去称赞别人。

赞扬人也是一种艺术，不但需要合适的方式加以表达，而且还要有洞察力和创造性。一位举止优雅的妇女对一个朋友说："你今天晚上的演讲太精彩了。我情不自禁地想，你当一名律师该会是多么出色。"这位朋友听了这意想不到的评语后，像小学生似的红了脸。正如安德烈·耶鲁大学著名的教授威廉毛雷斯曾经说过的："当我谈论一个将军的胜利时，他并没有感谢我。但当一位女士提到他眼睛里的光彩时，他表露出无限的感激。"

没有人会不被真心诚意的赞赏所触动。耶鲁大学著名的教授威廉·莱昂·弗尔帕斯经历过这样一件事：有一年夏天，天气又闷又热，他走进拥挤的列车餐车去吃午饭，在服务员递给他菜单的时候，他说："今天那些在炉子边烧菜的小伙子一定是够受的了。"那位服务员听了后吃惊地看着他说："上这儿来的人不是抱怨这里的食物，便是指责这里的服务，要不就是因为车厢内闷热大发牢骚。19 年来，你是第一个对我们表示同情的人。"弗尔帕斯得出结论说：人们所需要的，是一点作为人所应享有的关注。"

在这种关注之中，真诚是最为重要的。因为只有真诚才能使赞语具有效力。做父亲的劳累了一天后回家，当他看到自己的孩子将脸贴着窗子正在等待和注视着自己的时候，便会感到自己的灵魂沐浴在这甜蜜的甘露之中。

真诚地赞扬别人，能帮助我们消除在日常接触中所产生的种种摩擦与不快。这一点在家庭生活中体现得最为明显。妻子或丈夫如能有心经常适时地讲些使对方感到高兴的话，那就等于取得了最好的结婚保险。

孩子们总是特别渴望得到别人的肯定。一个孩子如果在童年时代缺少家长善意的赞扬，那就可能影响其个性的发展，甚至还可能成为一种终生的不幸。一位年轻的母亲讲了一件令人深思的事：

我的小女儿经常淘气，而我不得不常常责骂她。但有一天她表现得特别好，没有做一件惹人生气的事。那天晚上，我把她安顿上床后正要下楼时，突然听到她在低声哭泣。我不禁问她出了什么事，她一边哭一边问道："难道我今天不是一个很乖的小姑娘吗？"

说话和善——适用于所有人与人之间的关系。我小时候住在巴尔的摩，邻近的街区新开了一家药店，而帕克·巴洛——我们的经验丰富和久有声望的药店主，对此感到非常气愤。他指责他的年轻的对手卖次药，毫无配药方的经验。后来，这个受到攻击的新来者为此事向法院起诉。他去请教一个律师，这位律师劝告他说："别把这件事闹得满城风雨了，你不妨试试表示善意的办法。"

第二天，当顾客们又向他述说帕克的攻击时，他说："一定是在什么事上产生了误会。帕克是这个城里最好的药店主之一，他在任何时候都乐意给急诊病人配药。他这种对病人的关心给我们大家树立了榜样。我们这个地方正在发展之中，有足够的余地可供我们两家做生意。我是以巴洛医生的药店作为自己的榜样的。"

（佚名）

第二辑　放大自己的优点

我们提倡做人要有一颗谦和的心，但并不是指你要否认自己的一切优点、长处，这样既极端，又对自己的成长不利。所以，在必要的时候，将自己的优点放大，肯定它，正视它，是很有必要的，否则，如果认为自己一无是处，则便会陷入自卑的泥潭。

许多人之所以能在逆境中扭转乾坤，从失败走向成功，就缘于他找到了自己身上隐藏的优点，并将其放大，使之成为激励自己上进的"秘密武器"。

无声的鼓励

他当年在母亲那儿得到的只是无声的鼓励，但这其实是一个伟大的母亲奉献给儿子的喝彩！

威尔逊4岁那年，一向花天酒地的父亲向母亲提出了离婚。母亲带着他搬到了罗德镇定居。罗德镇尽头有一个大型的化工厂，工厂附近有许多美丽的樱桃树，威尔逊一眼就喜欢上了这里。

威尔逊在新的环境中生活得十分愉快。他喜欢拉琴，每天都要拿着心爱的小提琴来到院子里的樱桃树下演奏。

几年过去了，他的琴技日渐提高，悠扬的乐声是他们生活中最美妙的伴奏。

不幸还是再一次降临到了这对母子身上。化工厂发生了严重的毒气泄漏事故，距离化工厂最近的威尔逊家受到了严重的污染。威尔逊时常恶心、呕吐，最可怕的是他的听力开始逐渐下降，医生遗憾地表示威尔逊的听觉神经已严重损坏，仅保有极其微弱的听力。

母亲狠下心把威尔逊送到了聋哑学校，她知道要想让儿子早日从阴影里走出来，就必须尽快接受现实。医生提醒过，由于年纪小，威尔逊的语言能力会由于听力的丧失而日渐下降。因此，即使在家里，母亲也逼着威尔逊用手语和唇语跟她进行交流。在母亲的督促和带动下，威尔逊进步得很快，没多久就能跟聋哑学校的孩子们自如交流了。樱桃树下又出现了威尔逊歪着脑袋拉琴的小小身影。

看到儿子的变化，母亲很是欣慰。和以前一样，每次只要威尔逊开始在樱桃树下拉琴，她都会端坐在一边欣赏。不同的是，演奏结束后母亲不再是用语言去赞美，取而代之的是她也日渐熟练的手语和唇语以及甜美的微笑和热情的拥抱。

可威尔逊的听力太有限，他很想听清那些美妙的旋律，但他听到的只有很轻的嗡嗡声。威尔逊很沮丧，心情一天比一天坏。

看儿子如此痛苦，母亲不禁也伤心地流下泪来。一天，母亲用手语对威尔逊"说"道："孩子，尽管你不能完全听清楚自己的琴声，但你可以用心去感觉啊！"

母亲的话深深印在了威尔逊心里，从此他更刻苦地练琴，因为他要用心去捕获最美的声音。为了让威尔逊的琴技更快地提高，母亲还想出了一个妙招——镇上没有专业教师，母亲就用录音机录下威尔逊的琴声，然后再乘火车找城里的专家进行评点，为了避免有所遗漏，她还麻烦专家把参考意见一条条地写下来，好让威尔逊看得清楚。

可威尔逊发现，只要自己演奏较长的乐曲，有时明明超过了50分钟，磁带早到了该翻面的时候，可母亲还看着自己一动不动。威尔逊提醒母亲，母亲忙说抱歉，笑称自己是听得太入迷了。后来，只要录音，母亲都会戴上手表提醒自己，再也没出现过任何疏漏。

樱桃树几度花开花落，在法国的一次少年乐器演奏比赛上，威尔逊以其精湛的技艺和昂扬的激情震撼了在场所有的评委，当之无愧地获得了金奖。而当人们得知他几乎失聪时，更是觉得他的成功不可思议，许多人把他称为音乐天才。更幸运的是，威尔逊的听力问题也受到了医学界的关注，经过巴黎多位知名专家的联合会诊，他们认为威尔逊的听觉神经没有完全萎缩，通过手术有恢复部分听力的可能。

手术很快实施了，术后的效果很理想，医生说再戴上人造耳蜗，威尔逊的听觉基本上就能与常人无异了。

那段时间，母亲一直陪伴在威尔逊身边，戴上耳蜗的这天，威尔逊表现得特别兴奋，他用手语告诉母亲："从现在起，我要学习用口说话，您也不必再用手语和唇语跟我交流了。"他甚至激动地拉起了小提琴，用结结巴巴的声音说："母亲，我能听见了，多么美的声音啊！"然后他又问道："母亲，您最喜欢哪首曲子，我现在就拉给您听好吗？"

但奇怪的是，母亲似乎根本没有听见他的话，她依然坐在那里含笑看着他，保持着沉默。威尔逊又结结巴巴地问："母亲，您怎么不说话啊？"这时，护士小姐走了过来，她告诉威尔逊，他的母亲早已完全失聪。威尔逊睁大了眼睛，直到这时，他才知道了真相：原来，在那次毒气泄漏事故中损坏了听觉神经的不只是他，还有他的母亲，只是为了不让威尔逊更加绝望，母亲才一直将这个痛苦的秘密隐藏到现在。母亲的绝大部分时间都是和威尔逊用手语和唇语交流。因为很少开口，如今都不怎么会说话了。威尔逊想起年少时对母亲的种种误解，不由得抱着母亲痛哭起来。

威尔逊和母亲回到了家中，初春时节，在开满粉红花瓣的樱桃树下，伴着柔柔的和风，威尔逊再次为母亲拉起了小提琴。他知道，母亲一定听得到自己的琴声，因为她是用心去感受儿子的爱和梦想。虽然他当年在母亲那儿得到的只是无声的鼓励，但这其实是一个伟大的母亲奉献给儿子的喝彩！

（佚名）

将思想指向光明处

不为失去的东西而烦恼，不让自己沉浸在痛苦之中，将思想指向光明处，你就会很吃惊地发现，你的生活变得光明了。

遇到挫折并不可怕，只要用积极的心态去面对，就一定能够走出不利的环境。

尤利乌斯是一个画家，而且是一个很不错的画家。他画快乐的世界，因为他自己就是一个快乐的人。不过没人买他的画，因此他想起来会有点伤感，但只是一会儿。

他的朋友们劝他："玩玩足球彩票吧！只花两马克便可赢很多钱！"

于是尤利乌斯花两马克买了一张彩票，并真的中了彩！他赚了50万马克。

他的朋友都对他说："你瞧！你多走运啊！现在你还经常画画吗？"

"我现在就只画支票上的数字!"尤利乌斯笑道。

尤利乌斯买了一幢别墅并对它进行了一番装饰。他很有品位,买了许多好东西:阿富汗地毯、维也纳柜橱、佛罗伦萨小桌、迈森瓷器,还有古老的威尼斯吊灯。

尤利乌斯很满足地坐下来,他点燃一支香烟静静地享受他的幸福。突然他感到好孤单,便想去看看朋友。他把烟往地上一扔,在原来那个石头做的画室里他经常这样做,然后他就出去了。

燃烧着的香烟躺在地上,躺在华丽的阿富汗地毯上……一个小时以后,别墅变成一片火的海洋,它完全烧没了。

朋友们很快就知道了这个消息,他们都来安慰尤利乌斯。

"尤利乌斯,真是不幸呀!"他们说。

"怎么不幸了?"他问。

"损失呀!尤利乌斯,你现在什么都没有了。"

"什么呀?不过是损失了两个马克。"

(佚名)

爱的寻找

我们已有了一次奇迹,为什么不能获得第二次呢?

为了一个目的

"你们女儿的病在加重。"达拉斯中心医院的狄克曼大夫,告诉埃迪·罗伯茨和诺玛夫妇,"早做肾移植,她才能得救。如果能得到她的生身父母捐赠的肾脏，就会大大减小植入的阻抗。"

早在21年前，罗伯茨通过律师收养了克丽丝德。他们不知道孩子的生身父母，但告诉女儿当她很小时候就收养了她。克丽丝德4岁时患了糖尿病。"那时看上去并不严重，注入胰岛素就能控制病情。"诺玛说。她是一个娇小、热情的50岁的妇人。

克丽丝德10多岁时已长成一个美丽的姑娘。她是个优等生，能骑马、弹风琴。然而，在她上大学的1978年，糖尿病骤然恶化。一觉醒来，她突然发现伸手已难见五指：视网膜血管爆裂，她失明了。

"她以惊人的毅力和勇气承受着这个打击，"埃迪说，"但一年半以后，她的肾衰弱，只得每周进行三次理疗。"她的身体变得虚弱，血压下降，血液循环反常。

如果肾移植进行于血缘关系者之间，就有90%以上的成功率，否则低于70%。因此，罗伯茨必须找到养女的生身父母。

为克丽丝德接生的医生还活着，他知道其母；但正身患重病，已不能谈话。

收养子女的法庭记录已经封存。罗伯茨求教一位律师，律师说："我很乐意帮忙办成，但坦率地讲，这几乎不可能。"

不可能？也许可能！诺玛和埃迪没有灰心，他们祷告上帝："我们只有一个目的，救活孩子。"

他们找了另一个律师，律师去见达拉斯地方法官，请求为合理的缘由开始记录：一个姑娘的生命维系于此。

那天晚上，律师打来电话："法官说你们不能看记录。但我可以。"记录里写着克丽丝德生母的名字："巴娜·帕特。"

抓住救命稻草

尔后，诺玛和埃迪在公立图书馆里，一页页地翻查书架上的旧电话簿和城市人名录，发现有许多叫帕特的，就此打了几十个电话，但均未找到。他们所做的这些始终都瞒着女儿。他们知道，即便找到了巴娜·帕特，但如果她不愿献出肾脏，将对克丽丝德造成更大的打击。

下一步是查询旧的结婚登记卡。埃迪在航空公司就职，诺玛要照料羸弱的女儿，所以一天只能查几小时。为了争取更多的时间，埃迪决定提前退休。

终于，在厚厚的卷宗里，巴娜·帕特这个字眼跳入埃迪的眼帘。她在克丽丝德出生前4年与一个叫沃特斯·塞姆的结婚。这是否就是要找的巴娜·帕特？另外，沃特斯·塞姆和其妻是否还住在当地？还有，是否他俩还活着？这些均是未知数。埃迪又翻旧电话簿，但没能找到沃特斯。

埃迪和诺玛已为档案馆所熟悉，至1981年底，他们甚至翻查了全部不动产的办理记录和商业执照申请，仍无沃特斯·塞姆这个名字。

那年秋天，狄克曼大夫告诉埃迪："如若再不很快找到克丽丝德的父母，就只好给她植无血缘关系者的肾。她的心脏极弱，风险很大，也许会死于手术台上。"

埃迪给公司打电话询问：乘飞机的老顾问中有没有叫沃特斯·塞姆的。噢，有了，他被告知沃特斯的居住区，但没有电话号码和具体地址。埃迪的情绪有些低落，他后来承认："当时，我们只抓住了几根稻草。"

12月13日，星期天晚上，在警察局值班的基莫偶尔翻阅最新的人员登记册，上边有在职或退休人员的照片和简历。当埃迪打来电话时，他正看到"沃"字头名单。埃迪问是否有数据库，可提供20年内的人名地址资料。

"你找的人叫什么？"基莫无意问道。

"沃特斯·塞姆。"

一阵沉默。猛地，基莫一眼瞥见沃特斯·塞姆的照片。"我知道这个人！"他叫道。

星期二，基莫打来电话："沃特斯·塞姆否认他是克丽丝德之父，却承认曾与巴娜·帕特结过婚。他也不知她现在何处，但告诉了她兄弟的地址。

那晚基莫会晤了帕特的兄弟，他证明他的姐姐现已与柯林斯·汤姆结婚，但她不曾把孩子给过别人。

迅速的决定

柯林斯·帕特是一个高个苗条的妇女，她最先与沃特斯·塞姆结婚，有了安妮；她第二次联姻，怀孕 5 个月时就遭丈夫遗弃。那时帕特 20 岁，没有职业，父亲亡故，她无法带两个孩子再去照料守寡的母亲。所以，当大夫告诉她有一对夫妇想收养孩子、并精心抚养时，她同意送出婴儿。最后，帕特又与一位印刷工汤姆结合，有了现已 10 多岁的莎拉和简？汤姆，帕特从未告诉三个孩子还有一个姊妹，她时常想那孩子，也只知道她是个女孩，她渴盼能相逢的一日。

那晚下班回家，帕特的兄弟对妻子说："我碰上一件怪事。有人问，帕特是不是送过婴儿给人。我想要是有这事，我会记得呀。"

"瞧你这记性，她送过！"

立刻，他斟词酌句地打电话给姐姐："帕特，有一个 21 岁的姑娘，因为糖尿病失明了……"

帕特止住他，她已明白："你说的是我的孩子？！"

"是的。"她兄弟略一停顿，"她急需一个肾脏，不过你不要立刻决定，要多想想。"

当帕特得悉患糖尿病女儿的一瞬，就下了决心："我要移给她一个肾，就这么定了。"

帕特只有一个要求，手术前见女儿一面。"我知道，我们以后也不可能有太多的牵连，"帕特对兄弟说，"但不管怎么样，我要把肾给她。"

12 月 17 日，星期四，诺玛和埃迪唤醒克丽丝德："宝贝，大喜事，我们找到了你的生身母亲，她要捐给你一个肾！"

那天中午，诺玛的电话里传来一个妇女的声音："我是柯林斯？帕特。"一阵意料中的战栗遍于诺玛全身。

"你生母的电话，克丽丝德。她要来看你，你想不想见她？"

"啊，那当然！"克丽丝德喊道，"快些来吧！"

20 英里外，柯林斯？帕特第一次听到女儿的声音。帕特和诺玛约好晚上在家相见。诺玛放下听筒对克丽丝德说："你生母太激动了。"

"我也是"。克丽丝德回答。

那天下午，帕特早早地结束工作，她紧张得不能自抑。7 点前，柯林斯夫妇已在敲诺玛的门了。诺玛和埃迪领他们走进女儿的内室，诺玛帮她站起

来："克丽丝德，这是你母亲帕特。"

克丽丝德伸出了手。愣了片刻，母女俩紧紧地拥抱在一起。整个晚上，她们都依偎而坐。

几小时的聚谈里，两家人不时悟觉到一种伤感。诺玛曾带着 3 岁的克丽丝德去过帕特经营的商店，而柯林斯·汤姆在中心医院的走廊里，也曾多次遇见过这盲姑娘——她妻子的女儿。

翌日，帕特向其他儿女告诉了他们未见过面的姐姐的情况。他们说："我们真盼望能见到克丽丝德。"

一个大家庭

以后的几个月，帕特一直给女儿输血，以使移植的肾能更像自生的。1982 年 6 月，母女俩进了中心医院。手术前的早晨，帕特走进克丽丝德的房间。

"不论发生什么事，宝贝，我都要让你知道：我爱你。"

克丽丝德紧紧抓住帕特的手："我也一样，妈妈。"

等在楼下房间的有诺玛、埃迪、柯林斯·汤姆及孩子们，还有两家的 30 多位朋友。"起初，是两家人等待和祈祷，"埃迪说，"最后，就融为一体了。"

4 小时后，狄克曼大夫微笑着走出手术室，手术看上去是成功的，植入的肾已泌尿，好兆头，以后的几个月里，克丽丝德逐步恢复健康。

医生说，克丽丝德复明是不可能的。

"别人也说过，找到她生母是不可能的。"诺玛和埃迪说，"我们已有了一次奇迹，为什么不能获得第二次呢？"

(佚名)

金翅雀

现在，他心境坦然，非常高兴——发现了一个鸟窝！

一家三口人正在不声不响地吃饭，孩子突然开口说："我找到了一个鸟窝！"

母亲抬起头，瞪大了黑黑的眼睛。父亲像往常一样心不在焉，连听也没有听到。也许是为了回答母亲询问的目光，也许是为了引起父亲的注意，孩子又重复了一句：

"我找到了一个鸟窝！"

父亲总算抬起沉重的眼皮，也开始聚精会神地听儿子说话。

孩子高兴了，指手画脚地讲起来。他说，今天下午赶着羊回家的路上，看见一只金翅雀从一棵大白松树树冠里飞出来。他看呀，看呀，在浓密的树枝里搜寻，终于在高处一根树杈上发现有一团乌黑黑的东西。

母亲把儿子的话句句吸入心田，还用整个心灵吻着可爱的宝贝。父亲则又开始吃饭了。孩子没有在意，接着讲下去。他说，把羊拴在一棵树枝上，开始往松树上爬。父亲又抬起疲倦的眼皮，和母亲一样提心吊胆地听着，几乎屏住了呼吸。

孩子一直往上爬。巨大的松树又粗又高，他那纤细的身子紧紧贴在树皮上，慢慢往上挪动，每一次都要分两次进行。先用胳膊抱住，接着两条腿尽量往上蜷，最后才停下来，四肢牢牢抓住坚硬的树皮。用了很长时间才爬上去，中间不得不在结实的树杈上休息三次。现在只能靠手，因为前面都是脆弱的新枝了。

父亲和母亲都惊呆了，谁也没有吱声。就这样，两个人战战兢兢、一声不响地让儿子爬到树上、爬上树冠，用两只天真的眼睛看到鸟蛋——窝里仅有一个鸟蛋。

听到这里，父母的心脏都停止了跳动，完全忘记了儿子在什么地方，似乎还在高高的树巅，紧挨着天际，完全忘记了他脚踏在地上，无须两只胳膊小心翼翼地攀附着树枝。突然，两个人看见孩子身子一斜，从高处，从松树顶上栽下来，掉在硬邦邦的地上，看来是必死无疑了。

但是，孩子无意中表明，他站在树巅，完全不曾意识到飘在空中、面临深渊的可怕，并且也没有掉下来。倒是发生了另外一件事。拿起鸟蛋以后非常高兴，情不自禁地吻了它一下。蛋壳得到孩子嘴唇上的这点热气，突然从中间裂开了，里面露出一个还没有长羽毛的金翅雀。

说这件怪事的时候，孩子的表情天真无邪，如同复述从邻居那里听来的《出埃及记》的故事一样。随后，他满怀怜爱地把小鸟放到毛茸茸的鸟巢里，从树上下来了。

现在，他心境坦然，非常高兴——发现了一个鸟窝！

晚饭吃完了，屋里气氛严肃，谁也没有开口。后来，一家人回到暖烘烘的壁炉旁边，看着里边燃烧的橄榄木时，父亲和母亲才交谈了几句。他们的话说得晦涩难懂，孩子没有猜透。何必要知道他们说些什么呢？他只想把那只还没有长出羽毛的小鸟的形象深深保存在记忆之中。

（佚名）

不可能的奇迹需久候

奇迹需要耐心的等待。

二十岁是我出生以来最快乐的时光。我那时在体育运动方面非常活跃：擅长滑冰及滑雪、打高尔夫球、网球、篮球和排球。我甚至在板球队担任投手，而且几乎天天跑步。当时我创办了一家网球场建筑公司，前途一片光明。而且我和全世界最美的女子订了婚。但悲剧发生了。

　　我在一阵金属扭曲和玻璃破碎的震动声响中醒来。就在一切刚开始混乱时又马上归于寂静。我睁开双眼时，整个世界一片黑暗。而当我开始恢复意识时，可以感觉温热的血布满我的脸，之后便是一阵排山倒海而来的疼痛。在失去意识之前隐约听到有人在呼叫我的名字。

　　圣诞夜，我告别了加州的家人，和一位朋友开车前往犹他州。此行是要和我未婚妻达拉丝去度剩下几天的假期。这是我们结婚计划的一部分。我们婚礼将在一个月后举行。这次旅程中由我驾驶前面八小时，之后因感疲倦加上朋友在我开车时已先休息，所以由他接手，我到后座休息。我系好安全带，而朋友继续在黑暗中开车。他开了一个半小时后，竟然睡着了。之后，车子撞上了桥墩，又滚到路边，连转了好几圈。

　　当车子终于停下来时，我整个人已被弹了出去，摔到荒凉的路面上并跌断了颈椎，胸部也受伤瘫痪了。救护车送我到拉斯维加斯的一家医院，医生宣布我将会四肢瘫痪，双脚失去功能，胃肌、三块主要胸肌及右三头肌也将失去作用，肩膀及手臂失去力量，双手也不能动作了。

　　这就是我新生活的开始。

　　医生说我必须有新的梦想及价值观。因为我目前身体的状况，将永远不能再工作——对于这一点我倒是颇为兴奋，因为毕竟我身体不能正常运作的部分只有百分之三十九。他们告诉我永远不能再开车；我的余生在饮食、日常生活基本需求上，均需依赖别人帮助。我最好也别再梦想结婚了，因为……谁会想要我？他们的结论是我永远不能再从事运动或激烈的活动。这是我年轻的生命中第一次心生恐惧。我害怕万一他们所说的真的成为事实。

　　躺在拉斯维加斯的病床上，我想着我所有的希望和梦想已成泡影。

　　我想我的身体有没有可能恢复到和从前一样。我想着我是否可能再工作、组织家庭、有自己的家人，以及能否享受从前带给我极大乐趣的任何活动。

　　就在那段恐惧及怀疑的时光中，母亲来到我床边，轻声对我说："亚特，在困难的岁月中，不可能的奇迹虽需长久耐心等待，但终会来临。"刹那间，黑暗的房间顿时充满希望之光及信心，我相信明天将会更好。

那是十一年前母亲说过的话，而现在我已是一家我所创立公司的总裁。我目前是专业的演说家及作家，出版了一本书——《奇迹需待时》。

每年我旅行超过两万英里，与五百家公司、国立机构、推销组织及青年团体分享一个信息——"不可能的成功奇迹需久待。"每场观众都超过一万人。1992年，我被一个六州联合的中小企业管理协会封为年度青年企业家。1994年，《成功》杂志封我为年度伟大的东山再起者之一。我生命的梦想真的实现了。

从那天起我学会了开车。我可以去任何我想去的地方，做想做的。我完全可以独立照顾自己了。从那天起我对自己的身体又有了感觉，而且我的右三头肌已有部分功能恢复了。

在我严重受伤的一年半后，我和当初美丽的未婚妻结婚了。1992年，我的妻子，达拉丝赢得"犹他太太"贵冠，她还当选当年度"美国太太"第四名。我们有两个孩子——一个三岁的女儿麦卡欣？蕾妮和一个一个月大的儿子达顿？亚瑟——他们是我们生活快乐的源泉。

之后，我再度回到运动的世界里，我学会了游泳、潜水、航海及滑雪，同时我也学会了橄榄球。我了解到自己不会再被任何伤痛击倒。我也参加十公里轮椅竞走和马拉松。1993年7月10日，我成为世界上第一位四肢瘫痪却参加三十二公里赛跑的人，在七日内来回犹他的盐湖城和圣乔治——这也许不是我做过最优秀的事，但绝对是最困难的。

为何我会做这许多事？那是因为在很久以前，我决定听从母亲的话及自己内心的声音，而非外界的各种杂音——包括像医生那样的专业人士所说的话。我接受目前的情况并不意味着我必须放弃自己的梦想。我找到再度燃起希望的理由。学习到梦想永远不会为现状所击退；梦想乃是由心而生，也只有在心中，它才会永不消失。因为当困难阻碍愈多时，不可能的奇迹更需耐心久候。

（佚名）

人活着要有梦

　　"魔术给人们编织了一个美妙的梦境，你揭示了魔术的秘密，同时也撕碎了人们心中的梦想。人活着需要有梦。"

　　在一个小城里，人们的生活并不富裕，甚至还有些艰苦，但每个人的脸上都洋溢着愉快的笑容。这是因为小城里有一位伟大的魔术师——老比尔。老比尔超神入化的魔术表演给人们带来了非比寻常的乐趣。

　　老比尔每天晚上在小城的大剧场里表演魔术，剧场里总是坐满了观众。虽然大家都知道魔术肯定是假的，但还是被老比尔魔术中营造出的梦境所吸引。大家尤其喜欢老比尔的几个经典魔术，在这几个魔术中，老比尔让不可能的事变成了现实。

　　一个魔术是穿山而过。人们眼看着老比尔从山这边的白纱布下消失，从山的另一侧揭开白纱布走出来。另一个是空中飞人，大家真切地看到老比尔从舞台上缓缓升起，在舞台上空自由地飞行。

　　好奇的观众不时地会问老比尔，那两个魔术到底是怎么演的？老比尔总是笑而不答。

　　老比尔老了，接替他的是小比尔。小比尔的演出像老比尔一样精彩绝伦，赢得了人们的赞叹和掌声。像过去一样，人们在小比尔的魔术中愉快地生活着。

　　一次演出的间隙中小比尔向大家展示了几个小魔术的表演方法，他发现大家对魔术的秘密非常感兴趣。于是，接下来每天的演出中小比尔不顾父亲的阻拦，把许多魔术的秘密揭示给大家。他认为观众的需要就是演员的职责。

　　大剧场出现了空前火暴的场面，每次演出时都坐满了观众，大家终于知道了多年来老比尔的魔术秘密。明白了穿山而过是山里从前就有一条密道。

空中飞人是在表演者身上系着一条细细的透明钢丝。

小比尔演出回来总会把观众对魔术秘密的激情和狂热告诉老比尔，老比尔总是痛苦地摇着头。

小比尔每天晚上还是准时到大剧场里进行演出，然而，不知从哪一天开始，剧场里的观众越来越少了，最后几乎没有人再来观看魔术表演了。小城里的居民们也不再像从前那么快乐了，一天比一天变得愁眉苦脸起来。

一天，小比尔垂头丧气地站在父亲面前，他希望父亲能告诉他为什么会这样。老比尔说："魔术给人们编织了一个美妙的梦境，你揭示了魔术的秘密，同时也撕碎了人们心中的梦想。人活着需要有梦。"

（佚名）

欣赏生活

学会发现和欣赏生活中的美。

在亚里桑那沙漠过第一个夏天，斯蒂芬想自己会被热死的。华氏 112 度的高温快把人烤熟了。

第二年 4 月，斯蒂芬就开始为过夏天担忧，3 个月的地狱生活又要来了。有一天，当他在凤凰城的一个加油站给车加油时，和主人希普森先生聊起这里可怕的夏天。

"哈哈，你不能这样为夏天担忧，"希普森先生善意地责备斯蒂芬，"对炎热的害怕只能使夏天开始得更早、结束得更晚。"

当斯蒂芬付钱时，他意识到希普森先生说对了。在自己的感觉中，夏天不是已经来了吗？开始了它为期 5 个月的肆虐。

"像迎接一个惊人的喜讯那样对待酷暑的来临，"希普森先生说着找给斯蒂芬零钱，"千万别错过夏天带给我们的最美好的礼物，而夏天的种种不适躲在装有空调的房间里就过去了。"

"夏天还有最美好的礼物？"斯蒂芬急切地问。

"你从不在清晨五六点起床？我发誓，6月的黎明，整个天际挂着漂亮的玫瑰红，就像少女羞红的脸。8月的夜晚，满天繁星就像深蓝色的海洋里漂浮的海星。一个人只有当他在华氏114度的高温里跳进水里，他才能真正体会到游泳的乐趣！"

当希普森先生去给另一辆车加油时，站在一旁的一位加油工轻声对斯蒂芬说："好啊！你得到了希普森的特别服务——免费传授他的人生哲学。"

使斯蒂芬惊奇的是，希普森先生的话果然有效。他不怕夏天了，4月和5月也就自动与炎炎夏季区分开了。当高温天气真的到来时，清晨，斯蒂芬在天堂般的凉爽中修剪玫瑰花；下午，他和孩子们舒舒服服地在家里睡觉；晚上，他们在院子里玩棒球游戏，做冰激凌吃，痛快极了，整个夏天，他还欣赏了沙漠日出特有的壮观景象。

几年之后，斯蒂芬一家搬到北部的克来兰德，不到9月，邻居们就为过冬担忧了。当12月的大雪真的落下时，他们的孩子，10岁的大卫和12岁的唐真是兴奋极了，他们忙活着滚雪球；邻居们都站在一旁盯着看"这两个从没见过雪的愣头愣脑的沙漠小子"。

后来孩子们坐着雪橇上山滑雪去湖面滑冰，回来以后，大人、小孩都围坐在斯蒂芬家的壁炉旁，津津有味地吃热巧克力。

一天下午，一位中年邻居感慨地说："多年来，雪只是我们铲除的对象，我都忘了它真能给我们这么多快乐呢！"

几年之后，他们又搬回沙漠。斯蒂芬开车到加油站，新主人告诉他希普森先生因年事已高把加油站卖了，在不远处又经营了一个小型加油站。

斯蒂芬开车到那儿，拜访希普森先生，并让他给自己加油。他更瘦了，满头银发，但是他那愉快的笑容依旧。斯蒂芬问他感觉怎么样。

"我一点儿也不担心变老，"他说着从车篷下走出来，"在这里光欣赏生活的美都欣赏不过来呢！"

他边擦手边说："我们有三棵果实累累的桃树，卧室窗外还有一个蜂鸟窝，想想还没有我头大的美丽的小鸟，看上去真像一只小企鹅。"

他开着发票，继续说："黄昏时，长耳大野兔奔跑跳跃；月亮升起来时，小狼在山坡上成群出现。我从来没有看到有这么多野生动物在春天活动。"斯蒂芬开车离开时，他向斯蒂芬喊到："去观赏吧！"

回家的路上，希普森这位可爱的老人的幸福秘诀一直回荡在斯蒂芬的脑际。

是呀，尽管生活会给人带来种种烦恼，但重要的是，你要学会发现和欣赏生活中的美。

(佚名)

笑是两人间最短的距离

微笑是两人间最短的距离。

2004年年末的一天清晨，在美国底特律的街头，一辆鸣着警笛的警车疾驶着在追赶一辆慌不择路的白色面包车。面包车上，一个持枪男子疯狂地踩着油门夺路而逃。他叫道格拉斯·安德鲁，曾经是一位职业拳击手。就在20分钟前，穷困潦倒的他持枪抢劫了一个刚从银行提款出来的妇女。他之所以铤而走险，是因为孤独的他太需要钱了，他觉得只有钱才能给他的心灵带来温暖，改变他的生活现状和命运！

在他实施抢劫后，接到报警的巡警在第一时间锁定了这辆面包车，并展开追捕。安德鲁驾驶着面包车在人潮汹涌的大街上像没头苍蝇一样疾驰.最后他被逼进一个居民区里，走投无路的他拎着巨款躲进一幢居民楼里。

他气喘吁吁地跑上楼，发现了一扇虚掩着的门，便闯了进去。首先映入眼帘的是一个身材颀长的女孩正背对着他坐在窗前插花。他将黑洞洞的枪口对准了女孩，要是她胆敢呼救或反抗的话，他就会毫不犹豫地扣动扳机。

女孩显然也被他的声音惊扰了。"欢迎你，你是今天第一个来参观我插花艺术的人。"女孩说着转过身来，笑靥如花。

安德鲁惊呆了，放在扳机上的手指下意识地松弛下来，因为呈现在眼前的是一张阳光般灿烂的笑脸，而且她竟是一个盲人！她并没有意识到，此刻她所面对的是一个走投无路穷凶极恶的持枪歹徒，所以她的笑依然是那么甜美，在那些美丽鲜花的映衬下更显得楚楚动人。

"你一定是从电视上看到关于我的报道，才赶来看我插花的吧?"就在他发愣的当口儿，女孩幸福而自豪地笑着说："没想到，在我即将离开这个世界的时候，大家都这么关心我，这几天前来看我的市民络绎不绝，都说是我对生活的热爱给了他们活下去的勇气呢！"

女孩咯咯地笑了起来，她的天真以及对一个闯入者的毫不设防让他的情绪渐渐平稳下来。他竟真的按着女孩的指引，开始欣赏女孩的那些插花了。红的玫瑰、白的百合、黄的郁金香在窗台上展示着不可抗拒的美丽。安德鲁突然对这个女孩产生了好奇："你刚才说你即将离开这个世界?"

"是啊，难道你不知道? 我有先天性心脏病，医生说我最多只能活到 19 岁。还有几天就是我 18 岁生日了。"

"我为你感到遗憾，也许你现在和我一样最缺的就是钱了，要是能有更多的钱也许你会很快乐地生活下去！"联想起自己的困窘生活，安德鲁苦涩地笑笑。

女孩微笑着对他说："你说错了，即使有再多的钱也治不好我的病。我现在虽然没有钱但我感受到了活着的快乐，我反而为那些用自己的生命换取金钱的人感到可悲！因为他们并不知道，快乐与否跟金钱无关。"

女孩的话一下子在安德鲁的心灵深处掀起了一股风暴！此时此刻的自己，不正是在用自己的生命换取金钱吗?

赶来增援的警察已经将这个居民区包围得水泄不通，他们并不知道此时在这间屋子里发生的一切。前来搜捕的脚步声越来越近。

"你的插花真美，就像你的微笑那样让人着迷。我要去上班了，再见！"说着，安德鲁拿起一束花叼在嘴里，然后轻轻关上门，走出了她的家。

荷枪实弹的警察没费一枪一弹就抓获了安德鲁。警察在给他戴手铐的时候，他只说了一句话："请不要惊动那个女孩，更不要告诉她刚才发生的一切，好吗？"

第二天，一个嘴里衔着一束花，高举双手向警方投降的人的图片在当地媒体登载出来。我是在一家网站上看到这张照片和相关报道的。也是在那个时候，我知道了女孩的名字叫凯瑟琳，一个身患重症但热爱生命的美国女孩。也许她到现在也不知道，在那个平凡的清晨发生了怎样一件震撼人心的事。坐在电脑前，我在思考到底是什么力量让穷凶极恶的歹徒放弃抵抗而得到人性回归的，是凯瑟琳推心置腹的话语，还是安德鲁突然产生的对生命的不舍和渴望？

就在我为这个问题找不到答案的时候，一周后我又在同一家网站看到了美国当地媒体对这一事件的后续报道，报道中引述了劫匪安德鲁一番发自肺腑的话："我最应该感谢的是凯瑟琳的微笑，如果没有她那粲然一笑，根本就没有使我俩活下来的机会：她会死在我的枪口之下，而我则会在负隅顽抗中死于乱枪之下！是她的笑救了她自己，也救了我……虽然她是一个盲人，但她显然懂得微笑对一个人的伟大意义。在此之前，要是人们对我少一些冷漠，多一些微笑，也许我就不会在人海茫茫中迷失自己，从而做出铤而走险的事来。微笑是两人间最短的距离，这是我用即将到来的 10 年牢狱之灾换来的最为深刻的人生感悟……"

（佚名）

秘密花园

明天就开始吧。当然，今天开始最好不过。

一个星期前，卡罗琳打电话过来，说山顶上有人种了水仙，执意要我去看看。此刻我正在途中，勉勉强强地赶着那两个小时的路程。

通往山顶的路上不但刮着风，而且还被雾封锁着，我小心翼翼，慢慢地将车开到了卡罗琳的家里。

"我是一步也不肯走了！"我宣布，"我留在这儿吃饭，只等雾一散开，马上打道回府。"

"可是我需要你帮忙。将我捎到车库里，让我把车开出来好吗？"卡罗琳说，"至少这些我们做得到吧？"

"离这儿多远了？"我谨慎地问。

"3分钟左右，"她回答我，"我来开车吧！我已经习惯了。"

10分钟以后还没有到，我焦急地望着她："我想你刚才是说3分钟就可以到。"

她咧嘴笑了："我们绕了点弯路。"

我们已经回到了山路上，顶着像厚厚面纱似的浓雾。值得这么做吗？我想。

到达一座小小的石筑的教堂后，我们穿过它旁边的一个小停车场，沿着一条小道继续行进，雾气散去了一些，透出灰白而带着湿气的阳光。

这是一条铺满了厚厚的老松针的小道。茂密的常青树罩在我们上空，右边是一片很陡的斜坡。渐渐地，这地方的平和宁静抚慰了我的情绪。突然，在转过一个弯后，我吃惊得喘不过气来。

就在我的眼前，就在这座山顶上，就在这一片沟壑和树林灌木间，有好

几英亩的水仙花；各种各样的黄花怒放着，从象牙般的浅黄到柠檬般的深黄，漫山遍野地铺盖着，像一块美丽的地毯，一块燃烧着的地毯。

是不是太阳倾倒了？如小溪般将金子漏在山坡上？在这令人迷醉的黄色的正中间，是一片紫色的风信子，如瀑布倾泻其中。一条小径穿越花海，小径两旁是成排的珊瑚色的郁金香。仿佛这一切还不够美丽似的，倏忽有一两只蓝鸟掠过花丛，或在花丛间嬉戏，她们品红色的胸脯和宝蓝色的翅膀，就像闪动着的宝石。

一大堆的疑问涌上我的脑海：是谁创造了这么美丽的景色和这样一座完美的花园？为什么？为什么在这样的地方？在这个荒无人烟的地带？这座花园是怎么建成的？

走进花园的中心，有一栋小屋，我们看见了一行字：

我知道您要什么，这儿是给您的回答。

第一个回答是：一位妇女——两只手，两只脚和一点点想法。第二个回答是：一点点时间。

第三个回答：开始于1958年。

回家的途中，我沉默不语。我震撼于刚刚所见的一切，几乎无法说话。"她改变了世界。"

最后，我说道，"她几乎在40年前就开始了，这些年里每天只做一点点。因为她每天一点点不停的努力，这个世界便永远地变美丽了。想象一下，如果我以前早有一个理想，早就开始努力，只需要在过去每年里每天做一点点，那我现在可以达到怎样的一个目标呢？"

女儿卡罗琳在我身旁看着，笑了："明天就开始吧。当然，今天开始最好不过。"

（佚名）

门前天使

那些牛奶是我送给她的圣诞礼物，你说不是吗？

本那天早晨送牛奶到我表哥家时，不像往常那样开朗。这个身材瘦小的中年男子似乎没有心情与别人闲聊。

那是 1962 年 11 月下旬，我刚搬到新住处不久，看到仍有送奶工把牛奶送到各家门前，感到非常高兴。

有几个星期，我和丈夫、孩子暂住在我表哥家，四处找房。慢慢地我喜欢上本的妙语连珠了。

可是今天他却一脸不高兴，把篮里的牛奶拿出来，重重地放在门前。我旁敲侧击，几经探问，他才有些难堪地告诉我，有两户没付钱就搬家了，他只能自己赔偿损失。

其中一家欠了 10 美元，另一家竟拖欠了 79 美元，并且没留下新地址。本因为自己愚蠢地让他们赊了这么多账感到十分恼火。

"她是个漂亮女人，"他说，"有 6 个孩子，还怀着一个。她总是说等她丈夫找到兼职后马上付钱。我相信她。我多傻！我以为我在做好事，可我却得了个教训。我上当了！"

我只能说："我为你的遭遇感到难过。"

我再次见到他时，他好像更愤怒了。

他一提那群邋遢的孩子喝光了他的牛奶就怒不可遏。那可爱的人家在他眼中成了一群顽劣之徒。

我对他再次表示同情，绝不提此事。

但本走后，我还是在想他的问题，希望能帮助他。我担心这件事会伤害一个热心人，于是冥思苦想该怎么办。

我想起圣诞节就要来临了，以前我祖母常说"要是有人抢你的东西，就干脆送给他，这样谁也不能再从你身上抢走什么了。"

下一次本送牛奶来时，我告诉他我有办法让他为那失去的 79 美元感觉好些。

"什么方法都没用，"他说，"不过你还是讲吧。"

"把牛奶送给那女人吧，就算是需要牛奶的孩子们的圣诞礼物。"

"你在开玩笑吧？我甚至没有送过我妻子这么贵重的礼物。"

"你知道《圣经》上说：我是过客，你招待了我。你就算是招待了她和她的孩子吧。"

"你是说她没有欺骗我？问题是那不是你的 79 美元。"

我暂且不提此事了，但我还是认为我的建议会奏效的。

以后他送牛奶来时，我就逗他说："你送牛奶给她了吗？"

"没有，"他厉声道，"不过我在考虑送我太太一份 79 美元的礼物，除非又有一位漂亮的母亲想利用我的恻隐之心。"

每次我问起这个问题，他看上去好像都会开朗一些。

离圣诞节还有 6 天，奇迹出现了。

他来时满面笑容，两眼闪光，"我送给她了！"他说。"我把牛奶当作圣诞礼物送给她。这不容易，但我又损失了什么呢？钱反正找不回来了，不是吗？"

"是这样，"我也为他高兴，"可你得是诚心诚意要送她。"

"我知道。我的确是诚心诚意的。而且我真的感觉好多了，圣诞节我的心情很好。因为我的缘故那些孩子的麦片里又多了许多牛奶。"

圣诞假期来去匆匆。

两个星期后，一个阳光明媚的早晨，本几乎是跑着过来的。他咧嘴笑着说："知道我要告诉你什么！"

他解释说，他替另一位送奶工跑了其他的路线。他听到有人叫他的名字，回头望见一个女人向他跑来，手里挥着钱。

他立刻认出了她——那个有一群孩子，没有付他奶钱的女人。她怀抱着用小毯子裹着的婴儿，风把她褐色的长发吹到眼前。

"本，等一下！"她叫道。"我来还你钱啦。"

本停下货车，走下来。

"我很抱歉，"她说，"我真的是要付你钱的。"她解释说她的丈夫一天晚上回来，告诉她找到了一处便宜的公寓，还得到一份夜工。

这一切来得那么突然，她竟忘记留下地址。"可我一直在攒钱，"她说，"先付你 20 美元。"

"没关系，"本答道，"钱已经付了。"

"付了！"她叫道，"什么意思？是谁付的？"

"我付的。"

她望着他，仿佛他是天使加百利。她哭了起来。

"那你怎么做的？"我问。

"我不知该怎么办，就搂住她。我不知道怎么也哭起来了。然后我又想起那些孩子的麦片里都有牛奶。谢谢你告诉我这么做。"

"你收了那 20 美元？"

"当然没有，"他激动地说，"那些牛奶是我送给她的圣诞礼物，你说不是吗？"

（佚名）

放大自己的优点

每个人都有优点，告诉自己我能行。

通常，我们提倡做人要有一颗谦和的心，但并不是指你要否认自己的一切优点、长处，这样既极端，又对自己的成长不利。所以，在必要的时候，将自己的优点放大，肯定它，正视它，是很有必要的，否则，如果认为自己一无是处，则便会陷入自卑的泥潭。

许多人之所以能在逆境中扭转乾坤，从失败走向成功，就缘于他找到了自己身上隐藏的优点，并将其放大，使之成为激励自己上进的"秘密武器"。

很久以前，一个穷困潦倒的年轻人，流浪到巴黎，恳请父亲的朋友能帮自己找一份谋生的差事。

"数学精通吗?"父亲的朋友问他。

年轻人羞涩地摇头。

"那法律呢?"

年轻人还是不好意思地摇头。

"地理、历史怎么样?"

年轻人窘迫地垂下头。

"会计怎么样?"

父亲的朋友接连发问，年轻人都只能摇头告诉对方——自己似乎一无所长，连丝毫的优点也找不出来。

"那你先把自己的住址写下来，我总得帮你找一份事做呀。"

年轻人羞愧地写下了自己的住址，急忙转身要走，却被父亲的朋友一把拉住了："年轻人，你的名字写得很漂亮嘛，这就是你的优点啊，你不该只满足找一份糊口的工作。"

把名字写好也算一个优点? 年轻人在对方眼里看到了肯定的答案。

哦，我能把名字写得叫人称赞，那我就能把字写漂亮：能把字写漂亮，我就能把文章写得好看……受到鼓励的年轻人，一点点地放大着自己的优点，他在心里已找到自己奋斗的目标了。

数年后，年轻人果然写出享誉世界的经典作品。

他就是家喻户晓的法国18世纪著名作家大仲马。

(佚名)

成功属于坚持不懈者

即使一次次地挫折失财，也不要放弃你的追求。

众所周知，电话发明者是贝尔。他是世界上电话发明专利的拥有者。但很多人不知道，在贝尔之前，莱斯就早已发明出了电话机，愤憾的是，他的那种机器只能传送音乐，是一种玩具式的东西，没有什么市场价值。莱斯在发明了能够传送音乐的电话之后便放弃了，没有对它进行更深入的研究。而贝尔，却在莱斯的理论基础上，发明出了真正可以通话的电话机。

莱斯蛹死茧中，而贝尔却破茧而出。

在开罗博物馆，人们能够看到从图坦？卡蒙法老王墓挖出的众多宝藏。这些宝藏几乎占据了庞大建筑物的第二层楼的大部分，黄金、珍贵的珠宝、饰品、大理石容器、战车、象牙与黄金棺木等让人眼花缭乱、目不暇接。这些巧夺天工的工艺至今仍无人能及。

在人们慨叹这些宝藏的珍奇时，谁能想到，如果不是霍华德决定再多挖一天，也许这些宝藏至今仍埋在地下不见天日。

1922 年的冬天，卡特在工作了好几个月以后，几乎已经放弃了找到年轻法老王坟墓的希望，他的支持者也即将取消赞助。卡特在自传中这样写道：

这将是我们待在山谷中的最后一季，我们已经挖掘很久了，春去秋来毫无所获。我们一鼓作气工作了好几个月却没有发现什么，只有挖掘者才能体会到这种彻底的绝望感：我们几乎已经认定自己被打败了，正准备离开山谷到别的地方碰碰运气。然而，要不是我们最后垂死的努力一锤，我们永远也不会发现这远超出我们梦想所及的宝藏。

……

霍华德最后垂死的努力成了全世界的头条新闻，他发现了近代唯一一座完整出土的法老坟墓。

霍华德的最后一锤却成了打开成功之门的临门一脚。尽管残酷的现实令他一次次地绝望，然而，他却在这种绝望的苦难中执著地追寻着，到底还是不肯放弃。

（佚名）

成功的阶梯

贫困是他们辉煌一生的最好的磨炼。

贫困是他们辉煌一生的最好磨炼！因为有了贫困的经历，他才可以笑对人生中的一切坎坷。

美国前副总统亨利·威尔逊，自幼家境贫寒。当他还躺在摇篮里的时候，贫困就悄悄地威胁着他一家人的生存。他幼年时最深刻的记忆是：有一次他向母亲要一片面包，而母亲手中什么也没有，当时她的神情是多么痛苦啊。

十岁时他不得不离开了自己的家，到附近的小镇当了一名学徒工，而且一干就是 11 年！这 11 年里，每年他可以接受一个月的学校教育，这是他一辈子成功的开始，至于这 11 年艰辛工作的报酬，只不过是一头牛和六只绵羊而已。这些东西最后换成了 84 美元现金。

在他生命的前 21 年里，他从来没有在娱乐上花过一分钱，他精心算计着自己的每一分积蓄：对他来说，脱离贫困是当务之急。

他刚满 21 周岁，就跟着一支伐木队来到人迹罕至的大森林里，将一棵棵大树砍下来，顺着河水运到远方的城镇。每天，当树梢出现第一抹曙光，他便大声招呼伙伴们起来，然后一直辛勤地工作到天黑。经过一个月的努力，他挣了整整六美元，相当于他做学徒工时一年半的收入，在他看来这是多么丰厚的一笔薪水啊！

即使在这样贫困的环境中，威尔逊先生仍然牢牢把握着人生的方向。他决心不浪费每一分钟时间，也不让任何一个发展自我、提升自我的机会溜走。当别人把业余时间放在酒瓶中喝掉，或者卷在雪茄里燃烧的时候，他则把这些时间用在学习上。在他 21 岁之前，也就是在他做着学徒工的时候，他仔细阅读了 1000 本好书——这些书是如此来之不易，他自己没有钱去买书，所以，他不得不通过各种方法借阅。比如说，他会很乐意为别人清理草坪，报酬就是借阅若干本他感兴趣的书。

正是因为有了大量的阅读作为基础，所以在他 12 岁的时候，他加入了内蒂克的一个辩论俱乐部，并且很快脱颖而出，成为其中的佼佼者。再接着，在马萨诸塞州议会上，他发表了一篇著名的反对奴隶制度的演说，演说相当精彩，也相当成功，从此以后，他确定了在马萨诸塞州政界的显赫地位，并为他以后进入国会打下了坚实的基础。

贫困不是消极的理由，每一个不思进取的人总能找出千百个理由为自己开脱。而事实上，很多成功的人士都是从贫困中走出来的。贫困是他们辉煌一生的最好磨炼！因为有了贫困的经历，他才可以笑对人生中的一切坎坷。因为有了忧患的意识，他们才更加坚定走出贫困的信心。成功之后，他们仍然不会忘记贫困时的经历，因而克勤克俭，兢兢业业，最后做出一番伟大的事业来。

（佚名）

真挚友情

亿万人的情绪感觉各有不同：有的孤独，有的抱着希望，有的烦忧沉郁。在人生的长途中，这种心情和感觉均需要伙伴，需要友情。

苏格兰名作家及笑星劳得常打趣观众说："你们比肩并坐了两小时，没有一个和邻座的人谈话！"观众觉得他这句话真逗人。于是，很少有人不转头和邻座交谈。

就是这么简单容易。一句话，一个微笑，邻座的人就可能成为自己的朋友。在我们的一生中，时常会因为太自高自大，或者太自惭形秽而得不到好的友情。

有一次，大风雪后，积雪满街，交通断绝。我们公寓大楼中的煤用完了，食品杂货店的人没送货来，没有自来水，电梯也因故障而不动。从来没有交谈过的邻居们相互敲门，愿意接济食物、牛奶、唱片等等。有户人家举行舞会，使我们大家兴致热烈起来，参加舞会的人从 11 到 75 岁的都有。我们这才发现，大楼的管理员会弹钢琴。

当时我想：如果平时能有这种友好互助的精神，那幢大楼中每天的日常生活会多么生色！

你当然在旅行时可以漠然拒人于千里之外，但是，那种态度也会使你不能享受众人之乐。你如果看不到世人的内心，你就看不到世界。打开袜盒让顾客挑选的女店员、街头值勤的警察、公共汽车司机、电梯司机、擦鞋童，他们都是有个性的人，每个人都有一个丰富的内心世界。我们大多数人总是陷入刻板的生活，每天见同样那几个人，和他们谈同样的事。其实，和陌生人谈话，特别是和不同行业的人谈话，更能给你提供新的经验和感受。乡野的农人、偏僻地点加油站的工人、抱着孩子的极为得意的女人，全能使我们欢心愉悦，觉得世界上充满了生机。

我们许多人自觉没有什么可以给人，但是我们至少可以接受别人的盛情。如果我们不是熟视无睹，而是仔细看人，我们很可能从他的眼光中看到他心有疑难。我们如果看见车站上有一个女人在流泪，一个孩子眼露痛苦之色，或是一个外国人身在异乡、手足无措，而不上去询问协助，我们就不该原谅自己。

我认识的一位妇人乘火车西行，在中途一个荒野小镇停车时下车散步。这时东行的火车也抵站，两列车有很多的乘客在车站上悠闲踱步。她看到个面带笑容的男子，两人便谈起话来，一同散步，火车鸣笛促乘客上车时，那男子说："我们也许从此不会再见面了。"他们握手道别，却登上了同一列火车。

其后许多年，他们互相通信，直到离世。两人所求者都不是恋爱，而是珍贵的友情。

问问你自己：你的知己中，有几个是经过正式介绍而认识的？我记得我在一处海滩上认识的鲍尔德，就是他从水中走上来，我正要走下水去时认识的。我在纽约一家餐馆中遇到艾伯特，是他正在看一本我当时极为欣赏的书时认识的。我在大峡谷遇到戈登，他初睹奇景，急欲找人一谈，就在他对我一吐为快时，我们相识了。

亿万人的情绪感觉各有不同：有的孤独，有的抱着希望，有的烦忧沉郁。在人生的长途中，这种心情和感觉均需要伙伴，需要友情。本来是陌生人，有一个人伸出手来，就成了朋友。

（佚名）

我坚信，我是自己的救世主

在那些虽被判定必死无疑却不想死的人看来，生存的机会是永远存在的。

9 年前，医生告诉我说，我脑部那个长了十几年的良性肿瘤已骤然变为恶性。他们说那肿瘤无法开刀切除，我大概只可以再活 3 个月。

那时是圣诞节前一星期。我没有回家过节，而是坐飞机来到了这家在美国数一数二的医院。

节日的喜庆气氛使这个可怕的消息显得有些荒诞，令人难以相信。可是诊断是由这样著名的医院作的，又不由你不信。

我回到旅馆，把咖啡厅里的小肉桂包吃光。然后我仔细衡量自己的境况：现在 34 岁，正在撰写我写作生涯中第一部重要著作——画家杰克森? 波洛克的传记。奇怪的是，虽然在我看来我的生命才刚过了一半，令我最难过的不是我将要英年去世，而是这部写了一半的书没法完成了。

那天稍晚的时候，我才发觉自己真是个傻瓜。那个坏消息一定搞错了。不是说关于肿瘤的结论错了，因为那些扫描图我也亲眼看过；错的是那个说我必死的结论。

他们说我只可以再活 3 个月。那是什么意思？是不是跟盛牛奶的纸盒上标示的保鲜限期那样？如果我好好保养，能不能多撑些时候？

我把电视当作镇静剂，治疗我沮丧的情绪。忽然间，我豁然醒悟了。气象预报员面带歉疚的笑容报告说："明天最好把雨伞准备好。"我明白了。我的医生跟气象预报员一样，他们的预测是根据经验作出的，而不是根据铁定的自然规律。气象预报员说"明日有雨"，指的是有百分之九十的可能性有雨，仅是可能性而已。

69

　　我的肿瘤从一开始就令人莫名其妙。有好长一段时期，医生只能无奈地耸耸肩，说我的肿瘤是"自发的"，意思是"我实在弄不懂你怎么会得这个病"。

　　后来我才想起，我的病是1971年读大学的时候开始的。有一次，我不小心头撞到了游泳池池底，事后头痛了几天，但除此之外我没有别的异常感觉。大约3年之后，我的双脚开始隐隐作痛。我去看足病专科医生，他怀疑我生了摩顿氏神经瘤——一种常常在妇女脚部发现的肿瘤。我问医生这病是怎么来的，他耸耸肩，自发的。

　　我的病情一天天恶化，到我进法学院攻读时，我几乎动一动就痛，每跨一步，握一次手，或者打个喷嚏，都痛得难受。X射线照片显示我的骨架有数十条细如头发的缝隙。原因何在？自发的。

　　一位医生查出我的肾脏"渗漏"磷质，说我得了"磷酸盐性多尿症"。我因为血液中磷质不足，无法正常地生成新骨。那就是骨裂和疼痛的缘由。但渗漏的原因是什么呢？自发的。

　　后来我因为耳痛去看医生，医生无意中找到了罪魁祸首——中耳里的一个小瘤。多年以来，尽管我全身的骨头都急需磷质，这个小瘤却一直在分泌某种物质"哄骗"我的肾脏把磷质排出体外。如此说来，我双脚的疼痛是头部的肿瘤引致的。我开刀切除了肿瘤，以为问题就此完全解决了。谁知那竟是多次假痊愈的第一次。

　　4年后，我觉得眼角有轻微麻木的感觉。这小小的症状有多严重呢？医生替我做了电脑X射线分层扫描检查，发现这个"小症状"很严重。原来的肿瘤复生了，而且比以往更大。原先的瘤是楔在耳道里的，现在这个瘤却依偎着脑组织，像母鸡身下的蛋。我又动了一次手术，症状再一次消失了。

　　又过了4年。这时我已在撰写波洛克的传记。一天，我去参加圣诞节宴会，端起一杯果汁甜酒举到唇边的时候，那深红色的酒竟顺着下巴淌到衬衫上去了。原来我的右脸麻痹了。

　　几天后，我在旅馆房间里吃小肉桂包，看电视上的气象预报，考虑如何与命运一搏。同一天，我开始了一个至今尚未停止的学习过程。在动笔写波洛克的传记以前，我和这本书的联幄撰写人决定四出采访，广泛搜集资料，设法尽量多了解这位画家。我们找到了各种各样独特有趣的新资料。为什么我不用同样的做法去对付这个致命的怪瘤？

我计划的第一步是去找寻国内乃至世界上所有善于医治我这种病的一流医生。医生所服务的医院是否有名、他们曾就读于什么学校、治疗过哪些名人，我全不计较。我关心的只是：他们是否治疗过我这种病。

幸好，5年来外科技术突飞猛进，那个在过去"不可开刀"的脑瘤现在奇迹般地"可以开刀"了——至少在一位合适的医生手中是可以开刀的。我找到了这样的医生：弗吉尼亚大学的维恩科·多兰克。

多兰克医生对脑部我生瘤的那个部位施行手术的次数，比世界上任何一位外科医生都多。他解剖过数以百计的尸体，根据经验发明了一种巧妙的方法，可深入过去无法达到的死角去动手术。经他开刀的病人差不多全部活了下来，我后来也成了其中之一。

这番经验告诉我，医学"奇迹"总是从对症投医开始的。我从个人经验中更体会到，找寻一位这样的医生是件艰难的工作。当你得了致命的病，你也许会拒绝相信奇迹，或者准备认命，觉得寻找一位合适的医生好似大海捞针，是毫无意义的事。无怪乎许多病人虽然有权或者有机会自己选择医生，却都放弃了。

但是，在那些虽被判定必死无疑却不想死的人看来，生存的机会是永远存在的。

《美国医界精英》一书就是这样诞生的。我联络全国各地的一流医生，请他们推选各自专业领域中的佼佼者。每当我得到一个可望替我治病的医生的名字，我就打电话去咨询，或者坐飞机去求诊，要不就把扫描图寄去。我请教过澳洲一位血管瘤专家，瑞典一位放射外科专家，以色列一位神经外科专家，以及美国各地数十位专家。

后来我终于找到了纽约的神经放射外科专家萨达克·希拉尔医生。他建议用栓塞法——一种可以使血管瘤缩小的疗法。手术后几星期，扫描图显示肿瘤缩小了一半，麻痹的右脸也大部分复原了。我继续工作，把波洛克的传记写完，后来还得到普利策传记文学奖。

（佚名）

在平凡中采撷情趣

假如生活是甜美的，我们固然含着笑意来享受它；假如生活是酸苦的，我们也要扮着鬼脸来调剂它。而假如生活是平淡的呢？那我们就静下心来品味它。

我们的生活可以很平凡，很简单，但是不可以缺少情趣。一个懂得简单生活的人可以从做家务、教育孩子、为配偶购买情人节礼物等平凡的生活细节中体验到生活的快乐。

小张是一个大三的穷学生。一个男生喜欢她，同时也喜欢另一个家境很好的女生。在他眼里，她们都很优秀，他不知道应该选谁做妻子。有一次，他到小张家玩，她的房间非常简陋，没什么像样的家具。但当他走到窗前时，发现窗台上放了一瓶花——瓶子只是一个普通的水杯，花是在田野里采来的野花。

就在那一瞬，他下定了决心，选择小张作为自己的终身伴侣。促使他下这个决心的理由很简单，小张虽然穷，却是个懂得如何生活的人，将来无论他们遇到什么困难，他相信她都不会失去对生活的信心。

小白喜欢时尚，爱穿与众不同的衣服。她是被别人羡慕的白领，但她却很少买特别高档的时装。她找了一个手艺不错的裁缝，自己到布店买一些不算贵但非常别致的料子，自己设计衣服的样式。在一次清理旧东西时，一床旧的缎子被面引起了她的兴趣——这么漂亮的被面扔了怪可惜，不如将它送到裁缝那里做一件中式时装。想不到效果出奇的好，她的"中式情结"由此一发而不可收：她用小碎花的旧被套做了一件立领带盘扣的风衣；她买了一块红缎子稍作加工，就让她那件平淡无奇的黑长裙大为出彩……

小王是个普通的职员，过着很平淡的日子。她常和同事说笑："如果我将来有了钱……"同事以为她一定会说买房子买车子，而她的回答是："我就每天买一束鲜花回家！"不是她现在买不起，而是觉得按她目前的收入，到花店买花有些奢侈。有一天她走过人行天桥，看见一个乡下人在卖花，他身边的塑料桶里放着好几把康乃馨，她不由得停了下来。这些花一把才开价 5 元钱，如果是在花店，起码要 15 元，她毫不犹豫地掏钱买了一把。

这把从天桥上买回来的康乃馨，在她的精心呵护下开了一个月。每隔两三天，她就为花换一次水，再放一粒维生素 C，据说这样可以让鲜花开放的时间更长一些。每当她和孩子一起做这一切的时候，都觉得特别开心。

生活中还有很多像小张、小白、小王这样懂得生活艺术的人，他们懂得在平凡的生活细节中拣拾生活的情趣。亨利·梭罗说过："我们来到这个世上，就有理由享受生活的快乐。"当然，享受生活并不需要太多的物质支持，因为无论是穷人还是富人，他们在对幸福的感受方面并没有很大的区别，我们可以通过摄影、收藏、从事业余爱好等途径培养生活情趣。卡耐基说过，生活的艺术可以用许多方法表现出来。没有任何东西可以不屑一顾，没有任何一件小事可以被忽略。一次家庭聚会，一件普通得再也不能普通的家务都可以为我们的生活带来无穷的乐趣与活力。

（佚名）

活在今天

"人只能生存在今天的房间里"，只活在今天，你就能成为一个快乐的人，满意地度过一生。

你没必要为过去而懊悔，也没必要为未来而不安，最明智的做法就是做好今天该做的事情。

1871 年春天，一个蒙特瑞综合医院的医学生偶然拿起一本书，看到了书上的一句话。就是这话，改变了这个年轻人的一生。它使这个原来只知道担心自己的期末考试成绩、自己将来的生活何去何从的年轻的医学院的学生，最后成为他那一代最有名的医学家。他创建了举世闻名的约翰·霍昔金斯学院，被聘为牛津大学医学院的钦定讲座教授，还被英国国王册封为爵士。他死后，用厚达 1466 页的两大卷书才记述完他的一生。

他就是威廉·奥斯勒爵士，而下面，就是他在 1871 年看到的由汤冯士·卡莱里所写的那句话："人的一生最重要的不是期望模糊的未来，而是重视手边清楚的现在。"

威廉·奥斯勒爵士曾在耶鲁大学做了一场演讲。他告诉那些大学生，在别人眼里，曾经当过 4 年大学教授、写过一本畅销书的他，拥有的应该是"一个特殊的头脑"，可是，他的好朋友们都知道，他其实也是个普通人。他的一生得益于那句话："人的一生最重要的不是期望模糊的未来，而是重视手边清楚的现在。"很久以前，曾经有两位哲人游说于穷乡僻壤之中，对前来听教的人说了一句流传千古的话："不要为明天的事烦恼。明天自有明天的事，只要全力以赴地过好今天就行了。"许多人都觉得耶稣说过的这句话难以实行，他们认为为了明天的生活有保障，为了家人，为了将来出人头地，必须做好准备。我们当然应该为明天制定计划，却完全没有必要去担心。现代生活中，存在着一个惊人的事实，证明了现代生活的错误。在美国，医院里半数以上的病床都被精神病人占据着，而这些人大多是因为不堪忍受生活的重负而精神崩溃的。可是，如果他们谨奉耶稣的箴言"不要为明天的事忧虑"，谨记威廉·奥斯勒的话"人只能生存在今天的房间里"，只活在今天，你就能成为一个快乐的人，满意地度过一生。

（佚名）

不怕输，才能赢

只有输得起的人，才能赢得最后的胜利。

贺希哈 17 岁的时候，开始自己开创事业，他第一次赚大钱的时候，也是他第一次得到教训的时候。那时候，他一共只有 255 美元。在股票的场外市场做一名捎客。不到一年，他就发了第一次财，赚取了 168000 美元。他为自己买了第一套像样的衣服，在长岛买了一幢房子。但是，第一次世界大战的休战期来到了，贺希哈聪明得过了头，他以随着和平而来的大减价的价格，顽固地买下了隆雷卡瓦那钢铁公司，结果却受到了欺骗，只剩下了 4000 美元。这一次，他学到了深刻的教训："除非你了解内情，否则，绝对不要买大减价的东西。"

后来，贺希哈放弃证券的场外交易，去做未列入证券交易所买卖的股票生意。开始，他和别人合资经营，一年以后，他开设了自己的贺希哈证券公司。到后来，贺希哈做了股票捎客的经纪人，每个月可以赚到 20 万美元的利润。

1936 年是贺希哈最冒险，也是最赚钱的一年。安大略北方早在人们淘金发财的那个年代，就成立了一家普莱史顿金矿开采公司。这家公司在一次火灾中焚毁了全部设备，造成了资金短缺，股票跌到不值 5 分钱。有一个叫道格拉斯·雷德的地质学家，知道贺希哈是个思维敏捷的人，就把这件事告诉了他。贺希哈听了以后，拿出 2.5 万美元做试采计划。不到几个月，黄金就挖到了——仅离原来的矿坑 25 英尺。这座金矿，每年给贺希哈带来 250 万美元的净利润。

这位手摸到东西便会变成黄金的人，也有他的麻烦。1945 年贺希哈由于疏忽，未经许可而携带 1.5 万美元出境，被加拿大政府罚了 8500 美元。同时，他的菲律宾金矿也让他赔了 300 万美元。这也带给了他另一次的教训。

贺希哈给人的印象很深刻。他嘴上经常叼着一支没有点燃的雪茄烟，手里紧紧地捏着一块小毛巾，随时准备擦汗的样子，尤其是他在接电话的时候。

对于任何股票经纪人来说，电话是生意上不可缺少的工具，对贺希哈来说，电话就好像是他生理上的一个重要器官。当贺希哈因患了严重的腹膜炎，两只手固定在治疗器上输血时，他还在大喊："把我手上的鬼东西拿开，我要打电话！"

要想得到红利，就必须先拿钱投资。同样，想要获得成功，则必须先有所牺牲——牺牲自己的时间、收入、安定的生活、享受等，要随时全神贯注地做好准备，一有机会出现，就要牢牢地将它抓住。

机会抓住后，风险是时时存在的，所以我们要时时刻刻谨慎小心，从游到河中央的那一刻开始随时准备好应付突如其来的状况，并一一地加以克服。这时，我们若能从经验中学习控制身体的技巧，就能避开一些障碍。习惯了潮流的冲击与推送之后，慢慢地，我们便能睁开眼睛注意掌握身旁其他有利的机会，正确判断自己行进的方向。害怕失败或仅经历一次失败便畏缩不前的人，是看不到隐于失败背后的光明的。

不敢置身于危险中的人是绝对无法获得成功的。既然成功与失败的几率都相同，失败以后又可以卷土重来，那我们为何不搏一搏！只有输得起的人，才会赢得起。

(佚名)

放飞悠悠的童心

当你为生活的忙碌和沉重而感到不堪重负的时候，不妨试着还自己一颗童心，这样你就可以远离都市的喧嚣，找到一份简单自然的心情。

真正的幸福是很简单的，它就存在于我们生活中的每一个细微之处。这些简单平凡的"小幸福"要有一颗纯真、质朴的童心才能够体会得到。成功

学大师戴尔·卡耐基在其《快乐的人生》中记载了自己的一次关于简单幸福的体验：

有一次，我与一个和睦的家庭共同渡过一个难忘的夜晚。次日清晨，我们在餐厅内共进早餐。这个餐厅最为别致之处就在于它四周的墙壁分别挂有男主人童年成长的乡村景观图片。图片中除了一一反应男主人的童年生活外，还有高低起伏的丘陵、暖阳照耀的山谷、涟漪荡漾的小河……从图片中令人仿佛感受到小河中的水在静静地流淌着，尤其在阳光之下更显得闪闪发亮。清澈的水流爬缘着岩石，在弯弯曲曲的河床中曲折而行。河流旁边则不规则地散落着许多小房子，而房子的中间耸立着外形如塔形状高尖的教堂。

当大伙用过早餐之后，男主人欣然指着壁上的画，对大家讲起他从前的快乐回忆："我偶尔坐在餐厅中，看着壁上的画，不禁置身于往事之中。譬如，想起小时候的我总爱赤着脚在小溪中走来走去，即使时日已远，但我仍然清楚地记得在我脚下的那些泥土是多么的细软纯洁。

"夏天时，我们在小河边钓鱼；春天时节，我们则坐着木板从丘陵上一路滑下去。

"在童年的记忆中，最令我难以忘怀的还有那个高高尖尖的教堂……"这位男士满脸洋溢着微笑地继续说着，"教堂里时时会举办盛大的布道会。尽管当时我什么也听不懂，只会静静坐着。但是现在想来，这也不失为一项幸福的回忆。现在，父母虽然均已永眠于教堂旁的墓地；但是，在回忆中、在墓地旁，均能清晰地想起过去的甜蜜光景，而父母的叮嘱声也仿佛近在耳边。有时，当我累了或精神紧张时，我便坐在这儿安静地观赏教堂的画，它让我重拾旧时那段纯真无瑕的时光，它真的能带给我和平的心灵！"

（佚名）

简单日子再简单一点

更多的时候，面对人生，也许我需要的就是这样一点点怡然的心境，一点点随意的心性。

秋天是有些明净地来了。

宛如我此时的心情，有些轻松，又有些明快。

都说这样的日子是个登高的时节，然而我不能，我只能以我的想象，和清朗的高山对话，和那散漫的浮云携手。

我不知道远方的某个城市里，朋友的笑容是否和这秋日一样明净，但我懂得应该在这样的日子里用心去呼唤一次，因为这风这月，总能拂去我心底的尘埃，总能牵扯出一丝心底的想念。

每天，我都要经过这样一条路，不宽不窄，不长不短，却依然可以看着过往匆匆，或者快乐或者忧伤的人流，依然可以有着些许令人愿意独步的盼望。这让我觉得活着的真实。

这样一种也许有些混杂的气息充满着整条路，也许是小贩们高声的叫卖，也许是情人细细的低语，当然还有一些不知道是什么而又无法形容的生活的味道。将自己融入这样的生活潮中，不要刻意，只需要用上一点点的心去体味，深深地呼吸一下生活的味道，你便觉得有了些不经意的充实。

我知道我无法拒绝这样一种人生，尽管，关于我所要走过的每一段路，我似乎都能从中得到某种预见，但这并不让我觉得活着的无聊。所有快乐的感悟都可能只是瞬间，我没有法子让自己知道自己的对错。正如现在的深秋一样，我深入在这秋天的心房，虽然也会有些惆怅，虽然也会有些无法走出人生困惑的迷茫。但这有什么要紧呢？我这样慢慢地走在这样一条熟知的路上，心中涌起的是那熟知的温情，即便是偶尔的忧伤，似乎也有些淡淡幸福的味道。

其实，我当然也是有梦想的人。人活于世，大抵总会有些向往，不一定很高很远，然而总不能说没有。有些梦其实离我们的生活有些远，我们试图扔掉，然而它总能在我们以为遗忘的时候，依稀出现在我们的眼前，让人不忍舍弃。既然不能舍弃，那便留着好了，就当是人生的某种难得的滋味，尝一尝，也许有些苦，也算是对生活有了一种更深的领悟。

有位朋友在电话里送我一句诗：云在青山月在天。我很喜欢。是的，念一念，一种恬然的心境油然而生。更多的时候，面对人生，也许我们需要的就是这样一点点恬然的心境，一点点随意的心性。

在平凡的生活中，不经意地来来去去。有心情的时候，可以写些不为了发表的文字，想念的时候可以和可爱的朋友通通电话或写写信，这样一种简单而平淡的幸福大约也是一种境界。

是的，日子简单一点再简单一点，感情简单一点再简单一点。

这就很好。

(佚名)

沙漏哲学

人生在世，必然要面临各种各样的压力，当你学会调整自己，让压力一点一滴而来时，你会发现，压力反而成为一种动力，只要你按部就班，它就会不断推动着你努力前进。

现代人大都背负着沉重的生活压力，时常担心这个，担心那个。面对这么多的压力，你该试一试所谓的"沙漏哲学"，既然你所忧虑的事不是一时半刻就能改变的，你就要用另一种心情去面对。

二次大战时期，米诺肩负着沉重的任务，每天花很长的时间在收发室里，努力整理在战争中死伤和失踪者的最新纪录。

源源不绝的情报接踵而来，收发室的人员必须分秒必争地处理，一丁点儿的小错误都可能会造成难以弥补的后果。米诺的心始终悬在半空中，小心翼翼地避免出现任何差错。

在压力和疲劳的袭击之下，米诺患了结肠痉挛症。身体上的病痛使他忧心忡忡，他担心自己从此一蹶不振，又担心自己是否能撑到战争结束，活着回去见他的家人。

在身体和心理的双重煎熬下，米诺整个人瘦了34磅。他想自己就要垮了，几乎已经不奢望会有痊愈的一天。

身心交相煎熬，米诺终于不支倒地，住进医院。

军医了解他的状况后，语重心长地对他说："米诺，你身体上的疾病没什么大不了，真正的问题出在你的心里。我希望你把自己的生命想像成一个砂漏，在沙漏的上半部，有成千上万的沙子。它们在流过中间那条细缝时，都是平均而且缓慢的，除了弄坏它，你跟我都没办法让很多沙粒同时通过那条窄缝。人也是一样，每一个人都像是一个沙漏，每天都是一大堆的工作等着去做，但是我们必须一次一件慢慢来，否则我们的精神绝对承受不了。"

医生的忠告给了米诺很大的启发，从那天起，他就一直奉行着这种"沙漏哲学"，即使问题如成千上万的沙子般涌到面前，米诺也能沉着应对，不再杞人忧天。他反复告诫自己："一次只流过一粒沙子，一次只做一件工作。"

没过多久，米诺的身体便恢复正常了，从此，他也学会了如何从容不迫地面对自己的工作了。

人没有一万只手，不能把所有的事情一次解决，那么又何必一次为那么多事情而烦恼呢？

不能即时改变的事，你再怎么担心忧虑也只是空想而已，事情并不能马上解决；你应该试着一件一件慢慢来，全心全意把眼前的这件事做好。

（佚名）

第三辑　给自己加油

能为自己加油的人一定是强者，因为他敢于接受任何挑战，自强不息，正是这种加油和喝彩给他们带来源源不断的动力，无悔地追求自己的理想，最终实现自己的目标。

忧虑不能改变现实

世上没有任何事情是值得忧虑的，绝对没有！你可以让自己的一生在对未来的忧虑中度过，然而无论你多么忧虑，甚至抑郁而死，你也无法改变现实。

与内疚悔恨一样，过分忧虑也是人性的一种最消极而毫无益处的缺陷之一，是一种极大的精力浪费。当你悔恨时，你会沉湎于过去，为自己的某种言行而沮丧或不快，在回忆往事中消磨掉自己现在的时光。当你产生忧虑时，你会利用宝贵的时光，无休止地考虑将来的事情。对我们每个人来讲，无论是沉湎过去，还是忧虑未来，其结果都是相同的：徒劳无益。

一个商人的妻子不停地劝慰着她那在床上翻来覆去折腾了的丈夫："睡吧，别再胡思乱想了。"

"嗨，老婆啊，"丈夫说，"你是没遇上我现在的罪啊！几个月前，我借了一笔钱，明天就到还钱的日子了。可你知道，咱家哪儿有钱啊！你也知道，借给我钱的那些邻居们比蝎子还毒，我要是还不上钱，他们能饶得了我吗？为了这个，我能睡得着吗？"他接着又在床上继续翻来覆去。

妻子试图劝他，让他宽心："睡吧，等到明天，总会有办法的，我们说不定能弄到钱还债的。"

"不行了，一点儿办法都没有啦！"丈夫喊叫着。

最后，妻子忍耐不住了，她爬上房顶，对着邻居家高声喊道："你们知道，我丈夫欠你们的债明天就要到期了。现在我告诉你们：我丈夫明天没有钱还债！"她跑回卧室，对丈夫说："这回睡不着觉的不是你，而是他们了。"

如果凌晨三四点的时候，你还忧虑在心头，似乎全世界的重担都压在你肩膀上：到哪里去找一间合适的房子？找一份好一点的工作？怎样可以使那个罗唆的主管对你有好印象？儿子的健康、女儿的行为、明天的伙食、孩子们的学费……可怜！你的脑子里有许多烦恼、问题和亟待要做的事在那里滚转翻腾！墙上糊的纸好不好？女儿的男友配得上她吗？粮食会不会又要涨价了？可怜！你脑子里的思绪东飘西荡，你仿佛永远无法再入睡了！

不，你会睡着的，只要你采取一个简单的步骤，对自己说一句简短的话，说上几遍，每一次要深呼吸，放松！你要对自己说，同时心里也要真的这样想："不要怕。"

深呼吸，一切由他去！睁开眼睛，再轻松地闭起来，告诉自己："不要怕。"要仔细想想这些有魔力的字句，而且要真正相信，不要让你的心仍彷徨在恐惧和烦恼之中。

有一点，我们不能将忧虑与计划安排混为一谈，虽然二者都是对未来的一种考虑。如果你是在制定未来的计划，这将更有助于你现实中的活动，使你对未来有自己的具体想法与行动指南。而忧虑只是因今后可能发生的事情而产生惰性。忧虑是一种流行的社会通病，几乎每个人都要花费大量的时间为未来担忧。忧虑既然如此消极而无益，既然你是在为毫无积极效果的行为浪费自己宝贵的时光，那么你就必须改变这一缺点。

请记住一点，世上没有任何事情是值得忧虑的，绝对没有！你可以让自己的一生在对未来的忧虑中度过，然而无论你多么忧虑，甚至抑郁而死，你也无法改变现实。

（佚名）

只有泥泞的道路才能留下脚印

一分耕耘，总有一分收获，泥泞的道路上布满勤奋的脚印，坚持不懈，风雨无阻，才能最终抵达成功。

没有任何一条通往荣耀的道路是宽阔、平坦的。相反，它们往往充满泥泞，遍布或深或浅的脚印，印证努力过的痕迹。

鉴真法师刚入空门时，住持要他从最辛苦的行脚僧开始磨炼。

有一天，已经日上三竿了，鉴真和尚仍未起床，住持觉得纳闷，便到鉴真和尚的寝室里巡视。

当住持推开房门，只见床边堆了一堆破破烂烂的草鞋，住持叫醒鉴真："今天你不出外化缘吗？床边堆的这些破草鞋是用来做什么的？"

鉴真打了个哈欠说："这些是别人一年都穿不破的草鞋，如今我剃度一年多，却穿破了这么多鞋，今天我想为庙里节省一些鞋。"

住持听了之后，笑了笑对鉴真说："昨夜外头下了一场雨，你快起来，陪我到寺前走走吧！"

昨夜的一场雨，使寺前的黄土坡变得泥泞不堪。

忽然，住持拍了拍鉴真的肩膀说："你是要当个只会撞钟的和尚，还是想成为能发扬佛法普度众生的名僧？"

鉴真说："当然是发扬佛法的名僧啊！"

住持捻须一笑，接着说："你昨天有没有走过这条路？"

鉴真说："当然有！"

住持又问："那么你现在找得到自己的脚印吗？"

鉴真不解地说："昨天这里原本是平坦、坚硬的道路，今天变得如此泥泞，小僧如何能找到自己的脚印？"

住持接着又笑了笑，说道："那我们今天在这条路上走一回，你能找到你的脚印吗？"

鉴真自信地说："当然能了！"

住持微笑着说："是的，只有泥泞路才能留下足印啊！只要经过艰苦的跋涉，终有一天会留下痕迹的，一如此刻，我们行走在这片泥地上，不管走得多远，足印都会深深地留在泥地里，印证我们的存在。"

"罗马不是一天建成的"，任何一个伟大事业完成的背后，总有不少感天动地的故事。而故事中的"英雄"、"伟人"、"名人"，却是在不为人知的岁月里，花了许多宝贵的时间，又流了许多辛勤的汗水！

（佚名）

我觉得我赢了

成功，是每一个追求者向往的目标。

即便这不是一场比赛，我还是觉得——我曾经是我那个街区跑得最快的，甚至超过所有的男孩子，这真把他们气得要命。那时候，我哥哥常用各种各样的赌注引那些男孩子们来和我赛跑，他们总是说：

"嗨，跑就跑，不就是跟个女孩子吗？"

他们以为他们胜我是件轻而易举的事，却不料我每次都把他们赢了，这可把那些男孩子们气坏了！只有一次，虎子在我跑道上扔了个什么东西，把我绊倒，我才没赢。但那毕竟不公平。也许因为我是个女孩子的缘故吧，便认为女孩子什么都不及男孩子，然而他们就想不到，有些事女孩子会比男孩子干得更出色。

不过一跑起来，我就什么也不想了，比赛、得胜，都抛到了脑后。我只是专心地听着脚板踏在地面上的声音，把步子迈得大大的……我还听到自己喘气的声音，就连什么时候脸开始泛红也能觉得出来。

然而，这一切都是事故发生以前的事了。

现在，我不能跑了，再也不能跑了。地面上传来的只是轮椅下轮胎的摩擦声。有时候一想起这，我的心都碎了。有时如果我一个人在屋里，我甚至会放声大哭。

有时事情很怪，即使想哭也哭不出来。我只是心里气恼，恨不能找个人打他一顿。这时，我要么对着母亲大喊大叫，要么把枕头扔得四处都是，要么跟谁也不说话。

我想，这不公平！为什么我的朋友们能到处跑，而我就只能在轮椅里过一辈子吗？我还是个跑得最快的人。

或者，总可以说，我曾经是个跑得最快的。

但你知道什么最叫我受不了吗？就是那些连认识都不认识我的人，看到我便说起我来，就像我不在旁边似的。他们说我倒霉，说我有病，说我可怜，一边还摇着脑袋。更有甚者，还在我面前说，好像我什么都不明白似的。

我就爱和我的朋友们在一起！他们推着我的轮椅在街上跑，就像开着摩托车一样。我们笑啊，变着法儿地闹啊。大人们说我们是捣乱分子、小捣蛋鬼。可我宁愿让人家叫我小捣蛋鬼，也不愿让人叫我"可怜的病孩儿"！

我再也不能跑了，这让我极为生气；看到别的孩子们赛跑而我却不能，真是感到莫大的难受。可我不能总是为这事哭呀。我不是病得不行，也不是没用的！

爸爸劝我，要我勇敢起来，尽管不能跑了，但还可以试着找些其他擅长的事做做。一开始我听不进这些，我总想叫他走开，别理我。

可以后，我就开始下起国际象棋来。昨天晚上，我头一次赢了他。以前，像下棋之类的事我从不想玩，觉得只有女孩子气的人才玩那玩意儿呢。可现在，我认为下棋挺不赖。既然我已经下得不错，爸爸就说，他们那儿时常举办象棋比赛，或许我可以参加。

在出事前，对好多事情我都能干得很好。对这，我也从不曾多想。但对下棋就不同了，我真得多想、多练、多下工夫。事实上，有好多事过去对我来说很简单，而现在却都要多多练习才行。

有时，虽然这些事做起来比以前更困难了，但这样反而更好。我这样想，

是因为当我有一天几乎不用人帮忙自己穿上了衣服时，我觉得，这和赛跑中赢了汤米一样棒。不，兴许更棒！

赢汤米是件容易的事，我甚至不必花大力气，但是能自己穿衣服，这却比赢汤米费事得多，甚至可以说还要难上几十倍！我下了很大的工夫，终于自己穿上了衣服，全不用别人。

即便这不是一场比赛，我还是觉得我赢了。

（佚名）

挣脱痛苦的锁链

痛苦是心灵的自我囚禁，每个人都应自觉地呵护自己的心灵，别让它承受痛苦的煎熬。

有一只兀鹰，猛烈地啄着村夫的双脚，将他的靴子和袜子撕成碎片后，便狠狠地啃起村夫的双脚来了。正好这时有一位绅士经过，看见村夫如此鲜血淋漓地忍受痛苦，不禁驻足问他，为什么要受兀鹰啄食呢？村夫答道："我没有办法啊。这只兀鹰刚开始袭击我的时候，我曾经试图赶走它，但是它太顽强了，几乎抓伤我的脸颊。因此我宁愿牺牲双脚。呵，我的脚差不多被撕成碎屑了，真可怕！"

绅士说："你只要一枪就可以结束它的性命呀。"村夫听了，尖声叫嚷着："真的吗？那么你助我一臂之力好吗？"

绅士回答："我很乐意，可是我得去拿枪，你还能支撑一会儿吗？"

在剧痛中呻吟的村夫，强忍着撕扯的痛苦说："无论如何，我会忍下去的。"

于是绅士飞快地跑去拿枪。但就在绅士转身的瞬间，兀鹰蓦然拔身冲起，在空中把身子向后拉得远远的，以便获得更大的冲力，然后如同一根标枪般，把它的利喙刺向村夫的喉头，深深插入。村夫终于扑死在地了。死前稍感安慰的是，兀鹰也因太过费力，淹溺在村夫的血泊里。

你会问：村夫为什么不自己去拿枪结束掉兀鹰的性命，却宁愿像傻瓜一样忍受兀鹰的袭击？在这则故事中，兀鹰只是一个比喻，它象征着萦绕人生的内在与外在的痛苦，人很容易陷入痛苦中，无法自拔。

其实，任何一个凡人，都会不知不觉地像村夫一样，沉溺于自己的臆造幻想中，痛苦得不能自拔，甚至"爱"上自己的痛苦，不愿亲手毁掉它，尽管只是举手之劳而已。卡夫卡有一段格言，正可以解释人为什么总会身陷种种痛苦："人们惧怕自由和责任，所以人们宁愿藏身在自铸的牢笼中。"所以，村夫与他臆想的痛苦（兀鹰）同归于尽。这个寓言告诉我们：不要等待别人来解决你的痛苦，只要愿意，你可以超越它，"枪毙"了你的痛苦。

（佚名）

最好的消息

这真是我一个星期来听到最好的消息。

阿根廷著名的高尔夫球手罗伯特·德·温森多有一次赢得一场锦标赛。领到支票后，他微笑着从记者的重围中出来，到停车场准备回俱乐部。这时候一个年轻的女子向他走来。她向温森多表示祝贺后又说她可怜的孩子病得很重——也许会死掉——而她却不知如何才能支付起昂贵的医药费和住院费。

温森多被她的讲述深深打动了。他二话没说，掏出笔在刚赢得的支票上飞快地签了名，然后塞给那个女子。

"这是这次比赛的奖金。祝可怜的孩子走运。"他说道。

一个星期后，温森多正在一家乡村俱乐部进午餐，一位职业高尔夫球联合会的官员走过来，问他一周前是不是遇到一位自称孩子病得很重的年轻女子。

"是停车场的孩子们告诉我的。"官员说。

温森多点了点头。

"哦，对你来说这是个坏消息，"官员说道，"那个女人是个骗子，她根本就没有什么病得很重的孩子。她甚至还没有结婚哩！温森多——你让人给骗了！我的朋友。"

"你是说根本就没有一个小孩子病得快死了？"

"是这样的，根本就没有。"官员答道。

温森多长吁了一口气。"这真是我一个星期来听到最好的消息。"温森多说。

(佚名)

小孩与小偷

> 他有的只是智力过人的当代其他孩子一样的聪慧、机敏，以及对电子知识的通晓。

这是一个高大、瘦削、灵敏的小偷，从头到脚穿戴一身黑色。他熟练地打开窗门，悄悄地潜入房间，用手电筒向地上扫射了一下，从一堵墙闪向另一堵墙，在一个米黄色的、装饰着动物和沃尔特·迪士尼的人物图案的小柜前停了下来。他踮起脚轻轻地向前走去。经验告诉他，人们总是把贵重的物品放在最出人意料或最不显眼的地方，认为这样可以迷惑小偷。衣柜面上放着一张字条，字迹歪歪扭扭，是小孩写的：

"小偷先生，"小偷借助手电光，看着字条上的字，"我看了电视新闻节目和听了爸爸、妈妈的议论，得知近来本市这个地区发生了许多偷盗事件，您很可能会在某个晚上光临我们家。我想请您千万别拿走我的长绒毛小熊。我在生病，它是日夜陪伴我的小伙伴，因为我既不能去公园，也不能上街跟其他小朋友一块玩。右边第二个抽屉有我的储钱罐，罐里一直存放着别人给我的礼物钱。如果您喜欢，就把它拿去吧！小路易斯。"

看完字条，小偷的双眼都被泪水湿透了。回忆像闪电似的掠过他的眼前：他小时候珍藏的一切玩具中，最心爱的是用厚纸皮做的穿蓝色礼服、扣金色纽扣、戴军用帽的士兵。他想起自己躺在破旧的床上，抱着厚纸皮士兵睡觉的情景。他从口袋里掏出一张钞票，要留给这个小孩。

小偷小心翼翼地打开右边第二个抽屉，把手伸进去寻找储钱罐。……他再次哭了，不过这次哭是一阵剧痛引起的：一个弹簧捕鼠器打断了他的四根手指。这时灯光自动亮了，报警器也响了。

小孩在床上快活地笑起来。小偷这才发现，小孩既没有害病，也没有什么长绒毛小熊，有的只是智力过人的当代其他孩子一样的聪慧、机敏，以及对电子知识的通晓。

(佚名)

微笑的力量

有时候，一如既往地献上自己善意的关心和微笑，不仅可以为别人打开一扇窗，更可以为自己赢得许多成功的机遇。

爱德华是美国新泽西州一家药品公司的推销员。他的工作就是要把公司产品推销到新泽西州的各个药店，然后从药店的销售额中收取提成。

为了能够提高业绩，爱德华频繁地在新泽西州的各个药店来回奔波。不过，他不会费尽口舌地说服药店店主购买过多的药品，因为大多数药品都是有

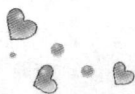

一定有效期的。虽然这样会影响他的销售提成。但爱德华的真诚为他赢得了许多老客户，即便爱德华没有及时前来拜访，这些客户也会主动联系他购买药品。

这天，爱德华前去拜访一家新开的药店。出乎意料的是，这家店主性格十分固执，无论爱德华怎样推荐药品，药店都会一口回绝。没有办法，爱德华只好宣布放弃。不过，临走前他还是习惯性地和店员以及店里的顾客打了声招呼。

刚刚离开不久，爱德华突然接到了一个电话。电话就是刚刚那位店主打来的，他表示要订购一批药品，数量还很多。

"能问您，您为什么改变了主意？"爱德华不明白为什么店主突然改变了主意。

"因为我的一个店员，"店主顿了一顿继续说道，"是您曾经给予过他巨大的帮助，让我改变了自己的主意。"

那名店员曾经遇见过爱德华。

那时候，店员的母亲常年生病，他常常前往药店购买药品。一次买药时正值药品涨价，店员的钱已经不够给母亲买药了，正在药店中推销的爱德华见状立即替他垫付了药钱，而且还给了他一个充满阳光的微笑。

店员后来回忆说，那个充满阳光的微笑，让他心中的愁苦一扫而光。于是，他开始自学药理知识，努力挣钱为母亲治病。如今，他已经成功地迈出了第一步。

当他再次看到爱德华的微笑时，一下子就认出了爱德华。他当即告诉店主，爱德华是怎样可靠的一个人。

"爱德华是个诚恳热情的人，他一定给很多药店的店员以及顾客留下了深刻的印象，这样他所在公司的产品也会引起人们的注意，和他做生意一定会有收获的。"店员努力说服店主。

当然，店主听从了店员的建议。而爱德华就这样多了一位忠实的客户。

（佚名）

初恋使我走上了智慧小径

"浅尝辄止是件危险的事情，挖掘得深点，否则就尝不到清泉之甘醇。"

上学的孩子普遍有这么一种误解，以为他们的老师小时候一定是神童。不管怎么说，除了书呆子，谁愿意长大了当老师呢？

我想向学生们表明，把我想象成小时候心甘情愿当家庭作业的奴仆是无中生有。恰恰相反，我从心底里痛恨教育。在鱼儿咬钩那当儿，我是绝对不愿离开去上学的。

结果，我的成绩有点像那醉心于股票交易的父母经常说的"下跌了"。

我上高中二年级的时候，美妙、激荡人心的事儿发生了，丘比特之箭射中了我的心。我的公主露丝的座位在铅笔刀旁边，那年，我削下的木屑足够燃起一堆篝火。

我和露丝不仅被五排桌子隔开，而且我和她之间还有 50 分的智商差别，她是英语第二册的佼佼者，莱丽弗女士的得意门生。

有时，露丝瞧我盯着她，便向我微笑。这使我心跳加快。她的微笑唤起了我的希望，使我暂时忘却了我们之间智力上的鸿沟。

一天，主意来了，一家超级市场的橱窗里挂着一卷百科全书仅售 29 美分的参考价目，其余各卷均为 2.49 美元，这回不容迟疑，机不可失。

我买了第一卷——开始了走向知识世界的征途。我要成为英语第二册的头号人物，以渊博的知识把公主击败，我严阵以待。

机会来了。一天，我们在快餐店门口排队，她就在我身后。"你好！"她向我问候道。我舔了舔嘴唇，问道："你知道是生长在什么地方吗？"她有点惊奇，"不知道。"

我轻轻地吸口气，"是生活在咸水中，很难在淡水中看到。"我得赶在交款之前把所有的告诉她。"人们可以在地中海或靠近西班牙和葡萄牙的大西洋沿岸捕捉到它们。""太棒了！"她惊叫起来。"是与鲱很相似，瘦长且呈银色，鼻子很长，嘴巴很大。"

露丝摇摇头，表示疑惑。显然，我已经给她留下深刻印象。

几天后，在一个消防演习中，我和她并步而行。"去过阿留申群岛吗？"我问她。"没有。""也许是个好玩的地方，可我是决不会到那儿去住的？""为什么？"她问我。"嗯，那儿的天气很坏，有差不多70个小岛不长树木，地面怪石遍布，几乎是不毛之地。""我也会不屑一去的。"

演习结束了，我们陆续走进大楼。我乘胜追击。"阿留申群岛上的人很矮，结实，棕色皮肤，黑头发。他们以鱼，海兽为生。"

她惊奇地瞪大了眼睛。以后，她在闲聊时注意听着我的每一句话。自然地，我书看得越多，就越有信心。我无所不谈，诸如扁桃体发炎，气刹，关节炎等等。

很快，在我的伙伴中间，我便有了对资料拿手好戏的美名。在讨论格尔雷基（英国诗人及哲学家——译注）的《古老水手》时，我们遇到了"信天翁"这一词。

莱丽弗夫人问道："有谁知道什么是信天翁？"我马上举起手。"信天翁是一种体大的海鸟，主要生活在赤道以内的海洋地区，但也可以在北太平洋看到它们的踪迹。信天翁体长可达4英尺，在所有海鸟中它展翼最宽。它在海面上觅食，寻找鸟枪鱼则，由于贪食，吃饱后它就很难飞上天去。"

教室里鸦雀无声，莱丽弗夫人还没完全反应过来。我偷偷地瞟了露丝一眼，向她眨眨眼，她骄傲地微微一笑，也向我眨了眨眼。

我的成绩跳跃直上。我带着成绩单回家时，爸爸再也用不着避开我了。我废寝忘食地阅读百科全书，把所有的东西装进大脑里。

但是，我没有注意此时露丝已经和邻校一位平均成绩只有C+的棒球队员好上了。这给我很大的打击。一时间，我把学到的东西都还给书本了，忘得一干二净。我已经攒够了买第二卷百科全书的钱，可是我真想也买一支棒球棍。我觉得我受了伤害，我被出卖了。

我很快从痛苦中挣脱出来。当时的激情已经消失殆尽。但我还是潜心阅读百科全书，还有其他许多种书刊。尝到了令人陶醉的知识美酒之后，我再也离不开它了。

"浅尝辄止是件危险的事情，挖掘得深点，否则就尝不到清泉之甘醇。"亚历山大？薄柏在百科全书第十四卷如此写到。

（佚名）

世上最深沉的爱

那清朗的月光是母亲留下来的目光，每夜都在凝视着我。

有一个朋友，经常不修边幅，加上浓密的八字胡，总给人一种粗放莽汉的感觉。那天，一帮朋友聚会，聊着聊着就聊起各自的母亲，这个西北大汉居然细腻、温柔起来。他娓娓地讲述着母亲生前关爱他的一些小事，听者无不为之动容……

夜深了，下了整整两天的梅雨还在淅淅沥沥地敲打着楼外的玻璃窗，发出"吧吧答答"的响声，母亲从我的记忆深处轻轻地走出她的小房，走到房门口的鞋架前，弯下腰来……

随着职务的不断提升，不仅手头的工作多了，应酬也多了，我回家就再无规律。妻子渐渐习惯了我的忙碌，每每回家太晚，抱怨几句便不再理睬我。一次深夜回家，看到母亲在她的房门口，显然是在等我。我带点责备地说她："娘，不用惦记我，我没事的，您都这么大年纪了，该多休息。"我母亲结结巴巴地说："娘知道，娘担心你……"

从那以后，再没看到母亲等在房门口。

母亲只有我这么个独子，因为父亲早亡，我结婚后，母亲便跟着我和妻子同住。小学还没毕业的母亲，始终牵挂着我，爱着我，却最大限度地给我飞翔的自由。

这一天，我深夜才到家，屋里传来的清脆的钟声——是客厅墙上老式挂钟报时的声音。抬手看看表，12 点整。"他们应该都睡了吧。"我想着，轻手轻脚开门关门，换鞋进房间……

第二天吃早点时，母亲突然对我说："你昨天晚上怎么回来那么晚？都 12 点了吧？这样不好……"我突然楞住了，不知道母亲会这么清楚。我一边往母亲碗里夹菜，一边敷衍道："娘，我知道了。"

此后每次回去晚了，第二天母亲总是能准确说出我回家的时间，但不再多说什么。我知道——母亲是在提醒我别回家太晚，提醒我不要对家太疏淡。而我心头的疑问越来越大：每次晚归，母亲怎么会知道的呢？

母亲在她 43 岁那年，因为一场意外，双目失明，此后就一直生活在无光的世界。那晚，我又是临近 12 点才回到家中。因为酒喝多了，就没有直接回房间睡觉，悄悄去了阳台，想吹吹风，清醒一下。站了一会儿，大厅传来了报时的钟声，12 下，清脆而有节奏，我开始轻轻地走回房间。

刚到门口，我呆住了，月光下，母亲正俯身在鞋架前，摸索着鞋架上的一双双鞋——她拿起一双在鼻子前闻一闻，然后放回去，再拿起一双……直到闻到我的鞋后，才放好鞋，直起身，转回她的房间。原来，母亲每天都在等待我的回来，为了不影响我和妻子，她总凭借鞋架上有没有我的鞋来判断我是否回到家中，总是数着挂钟的钟声来确定时间。而她判断我的鞋子的方法竟然是依靠鼻子来闻。我的泪水悄然滑出我的眼眶。我已经习惯以事业忙碌为借口疏淡了对母亲的关心，但母亲却像从前一样牵挂着我……

从那以后，我努力拒绝一些不必要的应酬，总是尽量早回家。因为我知道，家中有母亲在牵挂着我。

母亲是 63 岁那年病逝的。她去世后，我依然保持早回家的习惯。我总感觉，那清朗的月光是母亲留下来的目光，每夜都在凝视着我。

又在深夜，下了整整两天的梅雨还在淅淅沥沥地敲打着楼外的玻璃窗，发出"吧吧答答"的响声，母亲从我的记忆深处轻轻地走出她的小房，走到房门口的鞋架前，弯下腰来……我知道，母亲是在查看鞋子，是在看我有没有回到家。

（佚名）

一生要做的 50 件事

这样生活就会神奇地运转。"如果你想让你的轮船开进来，就必须建一个码头。

几周前，我跟着一位朋友走进一家艺术用品商店。我发现他要了水彩颜料。这令我很纳闷，因为他不是画家。

"我报名参加了一个水彩画学习班，下周就开课了。"

他腼腆地说，"我真是没有时间，但它是我所列的死前要做的 50 件事之一，所以我得去做。"

这听起来很有趣。"其他还有什么？"我问。

"什么都有。"他说，"每过几个月我都看看那张单子，来决定下一步该集中精力干什么。列单子之前，我总是为生活中损失的一切而伤感。现在我开始埋头实干了。"

"什么时候能让我看看你的单子？"我问。

"恐怕很难，"他说，"那会泄露关于我的很多东西。列出你自己的单子，你就会明白的。"

于是当晚我就列了一张单子，囊括了所有对我至关重要的内容，也流露出了自己对实现这些美梦的绝望。

仅仅列出这张单子就帮我理清了轻重缓急。我很快填出了前 20 件，但随后就开始细心斟酌了。最后我加上了向往多年的项目，年轻时就背负的梦想，以及初闻就在我心中产生共鸣的事情。

首先，我想到更多更远的地方去旅行。尤其是现在，孩子们都已长大，我想与孩子们完成 10 次旅行。我吃惊地发现单子上有些事情需要马上去做。例如，如果我想学开压路机，就得在 50 岁之前开始。当然，有些项目可以推迟到上了年纪时去干。我醉心于花草园艺，但现在抚养孩子、业务缠身的我难有闲暇来侍弄玫瑰。

某一天我想致力于一家医院婴儿室的志愿者工作。我还愿与青年们共事，指导年轻人，或去本地的高中服务，看来我也许需要考虑为一年一度的学校义卖会而学会做烧烤。有些项目令人生畏，因为它们意味着某种兢兢业业的投入。我想在世时出版一部小说，想攻读哲学博士，还想学绘画，并想用钢琴弹出四重奏。如果我打算实现这些目标，就得勤于笔耕并手不离琴。单子上的愿望我并不可能一一实现。有些事情非我能力所及，例如新西兰之行，以及最终也不会在我余生中成真的事情，比如拥有一匹良驹。然而，我发现我已经为许多这样的妄想构筑了框架，而且如果我今天把它们定为目标，那么明天设法使部分"成真"也并非毫无可能。

像我的朋友那样，现在我有了发泄不满的替代物。当我对生活感到厌倦时，就拿出那张单子。我也许会去函索取旅游小册子，或者在后院拿出画笔涂抹上一个小时，尽量把树林画得像模像样。

我不知道孩子们和我怎样才能去非洲。但如果它确实重要，我肯定会找出一个方案。他们中的一个也许长大后当了一名动物学家；或者我也许成为一名生态作家，因公被派往那儿；或者我们也许只需每星期都攒上几美元，直到够用为止。

我的一位表姐曾把一大串趣事变为现实。她曾对我说，关键在于筹备，这样生活就会神奇地运转。"如果你想让你的轮船开进来，就必须建一个码头。"她说。

多亏那张单子，我正在动工修建码头呢。

（佚名）

路就在自己脚下

　　人必须要活在希望之中，而这种希望和光明是自己为自己设置的。如果心中有路，你脚下的路也会越走越宽。

　　在人的一生中，每个人都不能保证一切顺利，然而人们在面对失败时大可不必灰心丧气，用心发现，其实路就在你脚下。

　　达尼是一个很有事业心的人，他在一家销售公司跟着老板一干就是5年，从一个刚毕业的大学生一直做到了分公司的总经理职位。在这5年里，公司逐渐成为同行业中的佼佼者，达尼也为公司付出了许多，他很希望通过自己的努力将企业带入一个更加成功的境地。然而就在他兢兢业业拼命工作的时候，达尼发现老板变了，变得不思进取、"牛"气十足，对自己渐渐地不信任，许多做法都让人难以理解。而达尼自己也找不到昔日干事业的感觉。

　　同样，老板也看达尼不顺眼，说达尼的举动使公司的工作进展不顺利，有点碍手碍脚。不久，老板把达尼解雇了。

　　从公司出来后，达尼并没有气馁，他对自己的工作能力还是充满了信心。不久，达尼发现有一家大型企业正在招聘一名业务经理，于是将自己的简历寄给了这家企业，没过几天他就接到面试通知，然后便是和老总面谈，最终顺利得到这份工作。工作大约一个月时间，达尼觉得自己十分欣赏该公司总经理的气魄和工作能力。同时，他也感到总经理同样十分赏识他的才华与能力。在工作之余，总经理经常约他一起去游泳、打保龄球或者参加一些商务酒会。

　　在工作中，达尼发现公司的企业图标设计相当繁琐，虽然有美感，但却缺乏应有的视觉冲击力，便大胆地向总经理提出更换图标的建议。没想到其实总经理也早有此意，总经理把这件事安排给他去完成。为了把这项工作做好，达尼亲自求助于图标设计方面的专业人士，从他们设计的作品中选出了比较满意的一件。当他把设计方案交给总经理的时候，总经理大加赞赏，立马升达尼为公司副总，薪水增加一倍。

是的，被解雇并不是一件坏事，达尼面对无情的解雇，凭借着才能找到了更适合自己的工作，而且得到了一位真正"伯乐"的赏识。

其实路就在脚下，被解雇了，我们并不用去计较，走过去，前面也许有更光明的一片天空在等着我们。

美国著名作家海明威在《老人与海》中，阐述了这么一个关于人的尊严的道理——"人可以被消灭，但不能被打败！"因此，我们才要不断地自我激励，不能因为一时的挫折就把自己的一生永远地困在困境的泥淖中。人的可贵之处在于，无论我们要跌倒多少次，都能从失败的废墟上站起来！站立的人方显得高大，人生也会因此而显得绚丽多彩。作为一个现代人，应具有迎接挑战的心理准备。世界充满了机遇，也充满了风险。要不断提高自我应付挫折的能力，调整自己，增强社会适应力，坚信挫折中蕴含着机遇。

也许在人生低谷的你正在为自己失业了而烦恼不堪。其实这于事无补，相信上帝在关上一扇门的同时会打开另一扇窗户，机遇的诞生可能就在这一切发生之时。

（佚名）

失败也是一次机会

　　失败给成功创造了机会，当你再度回到起点时，谨慎为之，并将注意力集中在过程上。利用这一方法，可使自己得到训练，当你再次出发时，能有长足的进步。

　　我们谁都不愿意失败，因为失败意味着以前的努力将付诸东流，意味着一次机会的丧失。不过，一生平顺，没遇到失败的人，恐怕是少之又少。所有人都存在谈败色变的心理，然而，若从不同的角度来看，失败其实是一种必要的过程，而且也是一种必要的投资。数学家习惯称失败为"或然率"，科学家则称之为"实验"，如果没有前面一次又一次的"失败"，哪里有后面所谓的"成功"？

　　全世界著名的快递公司 DIL 创办人之一的李奇先生，对曾经有过失败经历的员工则是情有独钟。每次李奇在面试即将走进公司的人时，必定会先问对方过去是否有失败的例子，如果对方回答"不曾失败过"，李奇直觉认为对方不是在说谎，就是不愿意冒险尝试挑战。李奇说："失败是人之常情，而且我深信它是成功的一部分，有很多的成功都是由于失败的累积而产生的。"

　　李奇深信，人不犯点错，就永远不会有机会，从错误中学到的东西，远比在成功中学到的多得多。

　　另一家被誉为全美最有革新精神的 3M 公司，也非常赞成并鼓励员工冒险，只要有任何新的创意都可以尝试，即使在尝试后是失败的，每次失败的发生率是预料中的 60%，3M 公司仍视此为员工不断尝试与学习的最佳机会。

　　3M 坚持的理由很简单，失败可以帮助人再思考、再判断与重新修正计划，而且经验显示，通常重新检讨过的意见会比原来的更好。

美国人做过一个有趣的调查，发现在所有企业家中平均有三次破产的记录。即使是世界顶尖的一流选手，失败的次数毫不比成功的次数"逊色"。例如，著名的全垒打王贝比路斯，同时也是被三振最多的纪录保持人。

其实，失败并不可耻，不失败才是反常，重要的是面对失败的态度，是能反败为胜，还是就此一蹶不振？杰出的企业领导者，绝不会因为失败而怀忧丧志，而是回过头来分析、检讨、改正，并从中发掘重生的契机。

沮特？菲力说："失败，是走上更高地位的开始。"许多人之所以获得最后的胜利，只是受惠于他们的屡败屡战。对于没有遇见过大失败的人，他有时反而不知道什么是大胜利。其实，若能把失败当成人生必修的功课，你会发现，大部分的失败都会给你带来一些意想不到的好处呢！

（佚名）

自卑是心灵的钉子

自卑是麻痹药，自卑是落后丹，自卑是自杀的剧毒品！驱赶自卑的良药是接受自信心训练，建立自信。

自卑是人生最大的跨栏，每个人都必须成功跨越才能到达人生的巅峰。

自卑的人，情绪低沉，郁郁寡欢，常因害怕别人看不起自己而不愿与人来往，只想与人疏远，缺少朋友，顾影自怜，甚至自疚、自责、自罪；自卑的人，缺乏自信，优柔寡断，毫无竞争意识，抓不住稍纵即逝的各种机会，享受不到成功的乐趣；自卑的人，常感疲劳，心灰意懒，注意力不集中，工作没有效率，缺少生活情趣。

如果一个人总是沉迷在自卑的阴影中，那无异于给自己套上了无形的枷锁。但是如果能够认清了自己，懂得换个角度看待周围的世界和自己的困境，那么许多问题就会迎刃而解了。

一位父亲带着儿子去参观凡? 高故居，在看过那张小木床及裂了口的皮鞋之后，儿子问父亲："凡? 高不是位百万富翁吗？"父亲答："凡? 高是位连妻子都没娶上的穷人。"

第二年，这位父亲带儿子去丹麦，在安徒生的故居前，儿子又困惑地问："爸爸，安徒生不是生活在皇宫里吗？"父亲答："安徒生是位鞋匠的儿子，他就生活在这栋阁楼里。"

这位父亲是一个水手，他每年往来于大西洋各个港口；这位儿子叫伊东布拉格，是美国历史上第一位获普利策奖的黑人记者。20年后，在回忆童年时，他说："那时我们家很穷，父母都靠卖苦力为生。有很长一段时间，我一直认为像我们这样地位卑微的黑人是不可能有什么出息的。好在父亲让我认识了凡? 高和安徒生，这两个人告诉我，上帝没有轻看卑微。"

富有者并不一定伟大；贫穷者也并不一定卑微。上帝是公平的，他把机会放到了每个人面前。自卑的人也有相同的机会。

自卑常常在不经意间闯进我们的内心世界，控制着我们的生活，在我们有所决定、有所取舍的时候，向我们勒索着勇气与胆略；当我们碰到困难的时候，自卑会站在我们的背后大声地吓唬我们；当我们要大踏步向前迈进的时候，自卑会拉住我们的衣袖，叫我们小心地雷。一次偶然的挫败就会令你垂头丧气，一蹶不振，将自己的一切否定，你会觉得自己一无是处，窝囊至极，你会掉进自责自罪的旋涡。

自卑就像蛀虫一样啃噬着你的人格，它是你走向成功的绊脚石，它是快乐生活的拦路虎。

一个人如果自卑，他不仅不敢有远大的目标，同时他将永远不会出类拔萃；一个民族和国家，如果自卑，只能当别国的殖民地，站不起来，也不敢站起来，只能跟在别国后边当附庸。

自卑是一种压抑，一种自我内心潜能的人为压抑，更是一种恐惧，一种损害自尊和荣誉的恐惧。所以生活中，我们只有比别人更相信并且珍爱自己，我们才能发挥自己最大的潜力，创造出属于自己的天地。当我们遭到冷遇时，当我们受到侮辱时，一定要自尊自爱，把羞辱作为奋发的动力，激励自己去战胜一个个难关。

（佚名）

船和锚

朋友是不分彼此的，对待朋友要像对待自己一样去爱，去宽容，去理解，去相信。

船和锚是好朋友，他们一直在一起，从未分离过。

在一个晴朗的日子里，船和锚出海了。暖暖的阳光，蓝蓝的海面，不时还有鱼儿跃出水面。锚依偎在船的怀里，舒服地晒着太阳就睡着了，它正做着美梦的时候却被船的尖叫声惊醒，然后就发现自己像蝴蝶一样地飞了起来。原来锚梦见许多美丽的蝴蝶在自己面前飞啊飞，它就伸手去抓，可是蝴蝶并不是那么容易就能抓到的，等到它刚刚抓到一只时，梦也就停止了。

船之所以尖叫是因为锚抓伤了它的一只耳朵。锚的手上留着很长且尖尖的指甲，它做梦时抓到的其实是船的耳朵。船火冒三丈，顺手就把锚扔了出去，锚在空中翻滚了几下，"扑通"一声掉进海里。

锚不会游泳，它淹死了。海上掀起大浪，船没有锚帮它稳住身体，被无情的旋涡吞噬。

（佚名）

忠于职守

> "你难道没看见吗？"汤姆叔叔说，"铁路公司给我的这节车厢
> 是一节'禁止吸烟'的车厢！"

我的叔叔汤姆在铁路上工做了一辈子。那是一个不大的车站，它坐落在一个名叫洛顿?克劳斯的小地方，大约一天只有两列火车在这个小站进出。汤姆叔叔既是站长，又是列车员和信号员，事实上，车站里所有的事都归他管。要论恪尽职守，全英国挑不出第二个人来。洛顿·克劳斯是他心中的骄傲：那清洁候车室和坐椅的活儿、售票检票的差事（有时一天只有三四张票）不都是他一个人干的吗！当然，车票收入也由他经管。有一天，车票收入竟达到 13 镑。自打汤姆叔叔到这个小站后，50年来这是收入金额最高的一天。小车站管理得井然有序，得力于汤姆叔叔对规章制度的一丝不苟。他对诸如旅客应被允许做什么、不应被允许做什么，哪里可以吸烟、哪里不能吸烟等规定是再清楚不过了。如果哪个旅客胆敢做出违反规章制度的事，那他在洛顿·克劳斯就会吃不了兜着走。

正如我所说的，汤姆叔叔在那个小车站一直干了50年。后来，他该退休了。毫无疑问，他的工作是出色的，50年中连一天都没有懈怠过。对此，铁路公司认为应该予以肯定，于是便安排了一个小小的告别仪式，并委派约瑟夫爵士亲临小站主持仪式。

汤姆叔叔对那张作为礼物赠送的支票表示感谢，他十分高兴。但是，他对约瑟夫爵士说："我并不需要钱，（由于平日生活节俭，汤姆叔叔攒了不少钱）我的意思是说，我能不能得到一件可以使我常能回忆起小车站快乐时光的东西？"约瑟夫爵士虽然感到有些诧异，但还是表示这个要求可以得到满足。

那么，汤姆叔叔心目中的那个可以唤起他记忆的东西是什么呢？"能不能给我一节旧车厢？一节就够。多旧多破都没关系。我可以把它修理好，擦洗干净，——反正现在我已经退休了，有的是时间。我要把旧车厢放在我家后花园里，每天去里面坐一坐，那会使我想起在洛顿？克劳斯度过的美好时光。"约瑟夫爵士心想，唉，可怜的老头儿，脑子一定是出了毛病。不过，旧车厢有的是，反正也只能回炉了。于是便对汤姆叔叔说："好吧，霍伯戴尔先生，如果这就是你想要的东西，那么你可以得到它。"大约一星期后，一节旧火车车厢被安放在汤姆叔叔家的后花园里。汤姆叔叔还像在车站上班一样，辛勤地工作，将那节旧车厢收拾得焕然一新。

一年后的某天，汤姆叔叔生病了。我的另一个叔叔阿尔伯特对我说："走，我们一起去看看老汤姆吧，我很长时间没见到他了。"

那天天气不好。我们刚下火车就下起了雨，到汤姆叔叔家时雨越下越大。阿尔伯特叔叔敲了敲前门，无人应声。门并未上锁，我们便推门而进，但是哪里都找不到汤姆叔叔的人影儿。阿尔伯特叔叔说："他一定在那节旧车厢里，我们到后花园去找他吧。"不出所料，汤姆叔叔果然在后花园，但不在车厢里，而是坐在车厢外面的阶梯上，嘴里叼着一只烟斗。

他的头上顶着一件雨衣，雨水顺着他的后背往下流淌。

"你好，汤姆。"阿尔伯特叔叔说，"你干吗不坐在车厢里面呢？"

"你难道没看见吗？"汤姆叔叔说，"铁路公司给我的这节车厢是一节'禁止吸烟'的车厢！"

（佚名）

体面的人

现在，谁也不会怀疑您了，您保住了自己的体面。

在一条光线暗淡的过道上，海曼检视自己刚刚拾到的钱包。只见里面装着面值 20 和 100 美元的钞票，总共一万美元！没有钱包主人的名片，没有任何信件或例条。总之，看不到任何表示失主身份的线索。

海曼清楚地知道在这种情况下应当怎么做，不管你发现丢钱人的名片与否。因为每个警察局都有一个失物招领处。

但是，一个钟头以前，海曼刚刚从银行里取出他的全部存款，那是他失业之前积攒的，一共是 167 美元 30 美分。除了这笔钱，他就一无所有了。

海曼开始在脑子里进行分析：对于那些如此大大咧咧，以致在大街上丢失一万美元的人，不值得让他们重新获得这笔钱。再说，也应该通过这件事给他一点教训！海曼这种想法并不坚决，但诱惑实在太大了。要是有了一万美元，他就可以成为一个小型修车厂的合伙人。他可以拼命干活，过一段时间，他就可以连本带息地偿还这笔钱。

海曼内心的激烈斗争终于结束了。他决定先不去警察局失物招领处：准备尽可能地利用这笔钱财。

海曼兴致勃勃地走进一家服装店。出来的时候，再也不是失业者的寒酸模样了。他在镜子前面照了照，看到的是一个满面春风，衣着体面的海曼。

他的这身行头花了 138 美元。他没有去动那些拾到的钱。他自己的钱还剩差不多 30 美元，可以用来吃一顿像样的午饭，然后，他衣兜里揣着一万美元，走向新的生活。

海曼想起，他的日子过得比较好的时候，曾经常跟朋友们去一家名叫托雷桑尼的餐厅吃饭。这些人哪，当你特别需要他们帮助的时候，他们躲着你的本事真大啊！

他又伤心地想起斯特莱，想起自己请求在他公司里找一份工作时，他是多么冷淡地拒绝了他。

斯特莱是不是仍然去托雷桑尼餐厅吃饭呢？海曼多么想以现在的这副模样去见一见那个无情地拒绝了他的人，让他看看没有他的帮助，他也没有饿死。

他推开那扇大玻璃门走进托雷桑尼餐厅，一眼就看见斯特莱像往常那样，正坐在最里面的一张桌旁。

海曼迈着沉稳的步子，走过斯特莱的身旁时彬彬有礼地跟他打了个招呼，然后挑了一张比较远的桌子坐下，点了一桌丰盛的午餐。

斯特莱惊奇地望着海曼，他的好奇心不断增强。最后，斯特莱忍不住站起来，径直走到海曼身边。

"见到你真高兴！看来你混得不错呀！"

海曼友好而又矜持地回答斯特莱的问候，然后请他坐下来一块儿喝一杯。斯特莱得知海曼如今已经当上了一家大公司的销售主任，几个月来，他的生意做得特别顺手。

"现在有什么打算？"

"我想休息一阵。我很想念这个城市。就回来看看。我想，说不定这里能找到什么值得做的贸易项目。无论如何，能休整几个星期也不坏。"

不到一刻钟，斯特莱说起他公司的一个代办处正缺一个负责人。

"你明白吧，亲爱的，我需要一个像你这样体面而又办事果断的人，一个有商业头脑的人。我早就想聘用你，可一直没有机会。如果现在你能到我的公司来，我将感到非常高兴。"

海曼知道自己的衣兜里揣着一万美元。所以对斯特莱的建议反应比较冷淡，只说这件事以后再说。

一个钟头以后，一张聘用合同已经装进了海曼的衣兜，就是说，从下个

月起，他每星期将有 850 美元的薪金。海曼用他的 30 美元付了饭费，出了餐厅，立刻钻进了一辆出租车，吩咐司机："去警察局失物招领处！"

在警察局里，他受到充满敬意的接待。一个人在大街上拾到一万美元而把它们交到警察局，这种事可不是每天都能遇上的。

"请您稍等。"值班警察说了一声便进了隔壁房间。不一会儿，他陪着一个警官出来。警官听他讲完拾钱的经过，然后诙谐地笑笑，说："您没有试图去花那些钱。算您走运。您知道，这笔钱是从银行里提出来去救被绑架的孩子布恩斯的。所有钞票的号码都已发往全国的商业单位。您要是去用那些钱，就会马上被捕。很难有人相信您的钱是在大街上拾到的，您甚至因此可能被送上电椅。现在，谁也不会怀疑您了，您保住了自己的体面。"

（佚名）

给自己加油

能为自己加油的人一定是强者，因为他敢于接受任何挑战，自强不息，正是这种加油和喝彩给他们带来源源不断的动力，无悔地追求自己的理想，最终实现自己的目标。

每个人都希望，也都需要得到别人的鼓励。日本有句格言："如果给猪戴高帽，猪也会爬树。"这句话听起来似乎不雅，但说明了这样的一个道理：当一个人的才能得到他人的认可、赞扬和鼓励的时候，他就会产生一种发挥更大才能的欲望和力量。

但是，光靠别人的赞扬还不够——因为生活不光是赞扬，你碰到更多的可能是责难、讥讽、嘲笑。在这时候，你一定要学会从自我激励中激发自信

心，学会自己给自己加油。

刘讯参加工作后，他爱上了"小发明"，一下班，常常一头钻进自己的房间，看呀，写呀，试验呀，常常连饭也忘了吃。为此，全家人都对他有看法。妈妈整天絮絮叨叨地没完没了骂他"是个油瓶倒了都不扶的懒鬼"，"将来连个媳妇都找不上"；他大哥就更过分了，一看到他写写画画，摆弄这摆弄那就来气，甚至拍着胸脯发誓："这辈子，你要能搞出一个发明来，我的头朝下走路……"

值得赞叹的是，刘讯通过在这种难堪的境遇中，始终不泄气、不自卑，而且经常自我鼓励。厂报上每登出有关他的"革新成果"，哪怕只有一个"豆腐块"、"火柴盒"那么大，他都要高兴地细细品味，然后把这些介绍精心地剪贴起来，一有空闲就翻出来自我欣赏一番。每当这时，他就特有成就感，他也就对自己更有信心。

在自己给自己的掌声中，刘讯通过实验搞成功的"小发明"慢慢多起来，"级别"也慢慢高起来了。几年后，他的"小发明"竟然在世界上获得了大奖。

给自己加油的做法，促使了刘讯的成功。美国的一位心理学家说过："不会赞美自己的成功，人就激发不起向上的愿望。"是的，别小看这种"自我赞美"，它往往能给你带来欢乐和信心；信心增强了，又会鼓励你获得更大的成功，自信心也就会再度增强。试想，当初刘讯要是不会"给自己鼓掌"，一听到"你要是……我就……"之类的讥笑，就垂头丧气，就看不到灿烂的前景，哪里还会有今天的成功呢？

唐代诗人李白在《将进酒》中写道："天生我才必有用，千金散尽还复来。"字字展示着无比的自信。坚信自己的价值，学会为自己加油，学会为自己喝彩，才会拥有一个精彩而有意义的人生。

（佚名）

时间无限，生命有限

充分利用你的每一点时间，就能获得意想不到的收获！

有两个和尚分别住在相邻的两座山上的庙里。两山之间有一条溪，两个和尚每天都会在同一时间下山去溪边挑水。久而久之，他们便成为好朋友了。就这样，时间在每天挑水中，不知不觉已经过了5年。

突然有一天，左边这座山的和尚没有下山挑水，右边那座山的和尚心想："他大概睡过头了。"便不以为然。哪知第二天，左边这座山的和尚，还是没有下山挑水，第三天也一样，过了一个星期，还是一样。直到过了一个月，右边那座山的和尚终于受不了了。他心想："我的朋友可能生病了，我要过去拜访他，看看能帮上什么忙。"于是他便爬上了左边这座山去探望他的老朋友。

等他到达左边这座山看到他的老友之后，大吃一惊。因为他的老友正在庙前打太极拳，一点也不像一个月没喝水的人。他好奇地问："你已经一个月没有下山挑水了，难道你可以不用喝水吗？"左边这座山的和尚说："来来来，我带你去看看。"于是，他带着右边那座山的和尚走到庙的后院，指着一口井说："这5年来，我每天做完功课后，都会抽空挖这口井。即使有时很忙，能挖多少就算多少。如今，终于让我挖出水，我就不必再下山挑水，我可以有更多时间，练我喜欢的太极拳。"

在工作中，挣薪水就像是挑水；而我们常常会忘记把握下班后的时间，挖一口属于自己的井，培养自己另一方面的实力。这样在将来当我们年纪大了，体力拼不过年轻人了，我们还依然会有水喝，而且还能喝得很悠闲。

一个城郊的居民区住着三户人家，他们的平房紧紧相邻着，三个男人都从农村招工进了一家炼铁厂。

　　厂里工作辛苦，工资又不高。下班了，三个人都有自己的活。一个到城里去蹬三轮车，一个在街边摆了一个修车摊，还有一个在家里看书，写点文字。蹬三轮车的人钱赚得最多，高过工资。修车的也不错，能对付柴米油盐的开支。看书写字的那位虽没有收入，但也活得从容。

　　有一天，三个人说起自己的愿望。蹬三轮车的人说，我以后天天有车蹬就很满足了。修车的说，我希望有一天能在城里开一间修车铺。喜欢看书写东西的那个人想了很久才说，我以后要离开炼铁厂，我想靠我的文字吃饭。其他两位当然都不信。

　　5 年过去了，他们还是过着同样的生活。10 年后，修车的那位真的在城里开了一家修车铺，自己当起了老板。蹬三轮的那位还是下班了去城里蹬车。15 年后，看书写字的那位发表的一些作品，在地区引起了不少关注。20 年后，他的作品被一家出版社看中，调到省城当了编辑。

　　"逝者如斯夫，不舍昼夜！"我们每天撕一张日历，日历越来越薄，快要撕完的时候便不免吃惊，吃惊时间为什么会这样快。假使我们把几十年的日历装成合订本，那便象征我们的全部的生命，我们一页一页往下扯，该是什么滋味呢？

　　哲人伏尔泰问："世界上，什么东西是最长而又是最短的；最快的而又是最慢的；最能分割的又是最广大的；最不受重视的又是最受惋惜的；没有它，什么事情都做不成：它使一切渺小的东西归于消灭，使一切伟大的东西生命不绝？"

　　智者查帝格回答："世界上最长的东西莫过于时间，因为它永无穷尽；最短的东西也莫于过时间，因为人们所有的计划都来不及完成；在等待着的人看来，时间是最慢的；在作乐的人看来，时间是最快的；时间可以扩展到无穷大，也可以分割到无穷小；当时谁都不重视，过后谁都表示惋惜；没有时间，什么事都做不成；不值得后世纪念的，时间会把它冲走，而凡属伟大的，时间则把它们凝固起来，永垂不朽。"

　　珍惜时间！朋友！

（佚名）

生命因相拥而美

没有一个生命可以孤立地活下去，只有在等另一个生命相拥中，我们才能感觉到生命的本质。

由法国著名导演雅克·贝汉拍摄的影片《微观世界》中有这样一个片断，让人经久不忘：

两只蜗牛，在一条路上相遇了。也许，这是一次美丽的邂逅。一只蜗牛伸出了触角，在另一只蜗牛面前舞动了一下，只是轻轻地舞动了一下，大概另一只蜗牛看出了它的问候，也伸出触角来，轻轻地舞动了一下。接着，最美的画面便开始出现了。一只蜗牛从坚硬的壳里探出身体，另一只蜗牛也从坚硬的壳里探出身体来。开始的时候，它们尝试着一点一点接近，继而开始交错，重叠，缠绕。

在明亮的光线照耀下，它们白亮而又晶莹剔透的身体很快便相拥在了一起。一会儿若即若离，一会儿又合而为一，像久别重逢的情人，又像他乡相遇的故交，或缠绵，或抚慰，或倾诉，或聆听，身体与身体相触，心灵与心灵融合，两个生命水乳交融地融合在了一起。

这个时间足足持续了几分钟，如果你也看过这部电影，一样也会为这人世间至美的画面所叹服。是啊，当一个生命的个体冲破心的壁垒，不抱目的，不为私利，与另一个同样目的纯粹的生命个体相遇，乃至相拥时，生命就会焕发出它原本纯净而绚丽的光芒。这个世界太多的生命活得太累了，为权力钩心斗角，为利益鱼死网破，忙着去争斗，去获取，却拿不出时间来与相知的人促膝交谈，与相爱的人深情相拥，最终憔悴在自己的心路上，从而让人生的过程缺失了生命最本质的光华。

相拥的生命是美的。一个小孩问妈妈，为什么电视里的叔叔阿姨分别的

时候要拥抱，回来的时候还要拥抱呢？妈妈说，那是因为要让对方感觉到自己的心跳。小孩又问，为什么要让对方感觉到自己的心跳呢？妈妈说，因为怦怦怦的心跳声里，藏着彼此的牵挂啊！

实际上，这相拥中，所包含的何止是牵挂啊，分别时的依恋，旅途中的思念，雨来时的焦躁，风停后的等待，无法割舍的关怀，绵绵不绝的爱，尽在这深情的一拥之中。

这个世界上，没有一个生命可以孤立地活下去，只有在与另一个生命的相拥中，我们才能感受到生命最本质的温暖。

（佚名）

别抓住自己的劣势不放

每一个事物、每一个人都有其优势，都有其存在的价值。

世上大部分不能走出生存困境的人都是因为对自己信心不足，他们就像一颗脆弱的小草一样，毫无信心去经历风雨，这就是一种可怕的自卑心理。所谓自卑，就是轻视自己，自己看不起自己。自卑心理严重的人，并不一定是其本身具有某些缺陷或短处，而是不能悦纳自己，自惭形秽，常把自己放在一个低人一等，不被自我喜欢，进而演绎成别人也看不起自己的位置，并由此陷入不能自拔的痛苦境地，心灵笼罩着永不消散的愁云。

王璇就是这样，本来是一个活泼开朗的女孩，竟然被自卑折磨得一塌糊涂。

王璇在一家大型的日本企业上班，毕业于某著名语言大学。大学期间的王璇是一个十分自信、从容的女孩。她的学习成绩在班级里名列前茅，是男孩追逐的焦点。然而，最近，王璇的大学同学惊讶地发现，王璇变了，原先活泼可爱、整天嘻嘻哈哈的她，像换了一个人似的，不但变得羞羞答答，甚至其行为也变得畏首畏尾，而且说起话来、干起事来都显得特别不自信，和大学时判若两人。每天上班前，她会为了穿衣打扮花上整整两个小时的时间。为此她不惜早起，少睡两个小时。她之所以这么做，是怕自己打扮不好，遭到同事或上司的取笑。在工作中，她更是战战兢兢、小心翼翼，甚至到了谨小慎微的地步。

原来到日本公司后，王璇发现日本人的服饰及举止显得十分高贵及严肃，让她觉得自己土气十足，上不了台面。于是她对自己的服装及饰物产生了深深的厌恶。第二天，她就跑到服饰精品商场去了。可是，由于还没有发工资，她买不起那些名牌服装，只能悻悻地回来了。

在公司的第一个月，王璇是低着头度过的。她不敢抬头看别人穿的正宗的名牌西服、名牌裙子，因为一看，她就会觉得自己穷酸。那些日本女人或早于她进入这家公司的中国女人大多穿着一流的品牌服饰，而自己呢，竟然还是一副穷学生样。每当这样比较时，她便感到无地自容，她觉得自己就是混入天鹅群的丑小鸭，心里充满了自卑。

服饰还是小事，令王璇更觉得抬不起头来的，是她的同事们平时用的香水都是洋货。她们所到之处，处处清香飘逸，而王璇自己用的却是一种廉价的香水。

女人与女人之间，聊起来无非是生活上的琐碎小事，主要的当然是衣服、化妆品、首饰，等等。而关于这些，王璇几乎什么话题都没有。这样，她在同事中间就显得十分孤立，也十分羞惭。

在工作中，王璇也觉得很不如意。由于刚踏入工作岗位，工作效率不是很高，不能及时完成上司交给的任务，有时难免受到批评，这让王璇更加拘束和不安，甚至开始怀疑自己的能力。

此外，王璇刚进公司的时候，她还要负责做清洁工作。看着同事们悠然自得地享用着她倒的开水，她就觉得自己与清洁工无异，这更加深了她的自卑意识……

　　像王璇这样的自卑者，总是一味轻视自己，总感到自己这也不行，那也不行，什么也比不上别人。怕正面接触别人的优点，回避自己的弱项，这种情绪一旦占据心头，结果是对什么都提不起精神，犹豫、忧郁、烦恼、焦虑便纷至沓来。

　　每一个事物、每一个人都有其优势，都有其存在的价值。自卑是一种没有必要的自我没落，一个人如果陷入了自卑的泥潭，他能找到一万个理由说自己如何如何不如别人，比如：我个矮、我长得黑、我眼睛小、我不苗条、我嘴大、我有口音、我汗毛太多、我父母没地位、我学历太低、我职务不高、我受过处分、我有病，乃至我不会吃西餐，等等，可以找到无数种理由让自己自卑。由于自卑而焦虑，于是注意力分散了，从而破坏了自己的成功，导致失败，即失败——自卑——焦虑——分散注意力——失败，这就是自卑者制造的恶性循环。

（佚名）

向往的快乐

从前的孩子们该是多么爱他们的学校呀！

　　那天晚上，玛吉曾在她的日记中记述了这样一件事。在公元2155年5月17日那一页她写道："今天汤姆发现了一本真正的书！"

　　这是一本年代久远的旧书。玛吉的祖父有一次说过，在他小时候，他的祖父告诉他，从前所有的书都印在纸上。

　　玛吉和汤姆一页页地翻着，这本书又黄又皱，更有趣的是书上的字静止不动，不像屏幕上的字是动的。然后，他们又往回翻，这些字丝毫不差地跟他们第一次看见的时候一模一样。

"天哪！多么浪费！"汤姆叫起来，"那时的人一定是看完一本书就把它丢开。而我们的电视屏幕上有上百万册的书，甚至更多，我绝不会丢弃它的。"

"我也是。"玛吉说。她11岁，没有汤姆看的传真书多。因为汤姆已经13岁了。

"你在哪儿发现这本书的？"玛吉问。

"在我房子里，"汤姆正忙着看书，看也不看地随手一指，"在阁楼上。"

"里面讲的是什么？"

"学校。"

玛吉显出不耐烦的样子。"学校？写它干嘛？我恨透了它。"玛吉一贯对学校不满，眼下她比以往任何时候更恨它。呆板无情的教学机把地理考了又考，而她错了又错，直到妈妈遗憾失望地摇着头，把检修员找来。

检修员是个满脸通红的矮胖男人，背着一个里面装满刻度盘和电线的工具箱。他笑着给了玛吉一个苹果，随后把她的"老师"拆开了。玛吉真希望他安装不上，可是他一点儿也不糊涂。约一个小时后，那台能显现各种各样课程，能提出种种问题的、又黑又大又丑恶的机器恢复如初了。这还不是最糟糕的。她顶恨的是那个机槽，她不得不把作业和试卷放进去，而且必须用规定的符号填写——从6岁起她就这么干了，机器一转眼的功夫就能算出她的得分。

干完活检修员笑着拍拍她的脑袋，对她妈妈说："琼斯太太，不是这个小姑娘的过错，我想地理那部分机器运转得太快了点，这种事有时也会发生的。我已经把它放慢到适合十岁儿童的水平上。实际上，她的进步已令人满意。"他又拍了拍玛吉的头。

玛吉大失所望，她一直盼望检修员把她的"老师"一起带走。有一次，汤姆那台历史课程部分不显像，他们就把汤姆的"老师"拿走了差不多一个月。

她问汤姆，"为什么有人要写学校？"

汤姆露出傲慢的神情看着她："因为那不是我们这样的学校，傻瓜。那

是一种很久很久以前的老式学校。"他又故弄玄虚地小声而神秘地补充说，"几百年前的。"

玛吉满心不快："得啦，得啦，我不知道那么多年前的学校是什么样。不管怎么说，他们少不了个老师。"

"当然啦，不过不是机器老师，而是一个人。"

"一个人？一个人怎么能当老师呢？"

"噢，他就是给学生们讲讲课，留些作业，然后提点问题。"

"一个人可没那么聪明。"

"不见得，我爸爸就和老师知道的一样多。"

"不可能。一个人不可能和老师知道的一样多。"

"就是，我敢打赌。"

玛吉不打算再争执下去。她说："反正我不想让一个陌生人住在家里教我。"

汤姆忍不住大笑起来："你真笨，玛吉。老师不住在家里，他们有专门的房子，所有的学生都到那儿去。"

"所有的孩子都学一样的东西吗？"

"是的。如果他们一样大的话。"

"但是我妈妈说，老师必须适合每一个孩子，也就是每个人学得都不一样。

"完全一样，他们用不着那样做。要是你不喜欢那种学校，你就甭读这本书。"

"我没说我不喜欢呀。"玛吉有些着急。她真想知道关于那有趣的学校的事。

"玛吉！上课！"玛吉的妈妈喊她了，他们的书一半还没读完呢。

玛吉仰起头叫着："等一会儿，妈妈。"

"立刻上来。"琼斯太太喊道，"汤姆也该上课了。"

玛吉对汤姆说："下课后我能和你再看一会儿吗？"

"可以。"汤姆随口答应下来。他吹着口哨，把那本又脏又旧的书挟在胳肢窝下走了。

　　玛吉走进教学室，这间屋子在她卧室隔壁。教学机已经打开，正等着她上课。除了星期六和星期天，这机器总是在同一个时间里开启，她妈妈说，只有在固定时间里学习，小女孩才能学得出色。

　　荧光屏亮了，呈现出一排字幕："今天的算术课讲真分数的加法运算。请把昨天的作业插入指定的机槽中。"

　　玛吉照指示机械地做着，同时发出一声叹息。她陷入沉思，想着她祖父的祖父小时候上的那种老式学校。左邻右舍所有的孩子都到学校去，校园里充满了欢声笑语，孩子们坐在一个教室里，课后一起回家。他们学一样的课程，这样做作业的时候也能互相帮助，还可以讨论，而且老师是一个真正的人……

　　教学机的屏幕上又呈现出"当真分数1/2加上1/4的时候，我们首先……"

　　玛吉想，从前的孩子们该是多么爱他们的学校呀！她陶醉在他们的快乐之中了。

（佚名）

第四辑　直面选择

选择是世界上最伟大的力量，是改变自然和人类社会的重要杠杆，是撬动地球移动的最佳支点，是决定人生成败的最重要的因素。

要想实现人生价值，就要勇敢地直面选择，千万不要回避选择，因为只有选择才会给你的生命不断注入活力；只有选择才能使你拥有把握人生命运的伟大力量；只有选择才能把你人生的美好梦想变成随手可及的现实。

愿望与现实之间

有人或许要说，已经失败了多次，所以再试也是徒劳无益。这种想法真是太自暴自弃了！其实，只要你在失意时，依然坚持再"往下挖一英尺"，你就可以获得成功了。

每个人都有一大堆的愿望，但他们却很难踏上实现的征程，影响他们作出选择的因素有时候很简单，那就是勇气。他们因为恐惧而害怕选择自己认为不可能的愿望，因此也错过了成功的机会。

1865年，美国南北战争结束了。一名记者去采访林肯，他们有这么一段对话：

记者：据我所知，上两届总统都曾想过废除农奴制，《解放黑奴宣言》也早在他们那个时期就已草就，可是他们都没拿起笔签署它。请问总统先生，他们是不是想把这一伟业留下来，让您去成就英名？

林肯：可能有这个意思吧。不过，如果他们知道拿起笔需要的仅是一点勇气，我想他们一定非常懊丧。

记者还没来得及问下去，林肯的马车就出发了，因此，他一直都没弄明白林肯的这句话到底是什么意思。

直到1914年，林肯去世50年了，记者才在林肯致朋友的一封信中找到答案。在信里，林肯谈到幼年的一段经历：

"我父亲在西雅图有一处农场，农场里有许多石头。正因如此，父亲才得以用较低价格买下它。有一天，母亲建议把上面的石头搬走。父亲说，如果可以搬走的话，主人就不会卖给我们了，它们是一座座小山头，都与大山连着。

"有一年，父亲去城里买马，母亲带我们到农场劳动。母亲说，让我们把这些碍事的东西搬走，好吗？于是我们开始挖那一块块石头。不长时间，就把它们弄走了，因为它们并不是父亲想像的山头，而是一块块孤零零的石块，

只要往下挖一英尺，就可以把它们晃动。"

林肯在信的末尾说，有些事情人们之所以不去做，只是他们认为不可能。而许多不可能，只存在于人们的想像之中。

那些成功的人们，如果当初都在一个个"不可能"的面前，因恐惧失败而退却，而放弃尝试的机会，则不可能有所谓成功的降临，他们也将平凡。没有勇敢的尝试，就无从得知事物的深刻内涵，而勇敢作出决断了，即使失败，也由于对实际的痛苦亲身经历，而获得宝贵的体验，从而在命运的挣扎中，愈发坚强，愈发有力，愈接近成功。

（佚名）

每天都是好日子

只要你心灵充实，每天都是好日子！

一天，这位商人来到城里最具智慧的那位老人面前，说："先生，我希望您能为我指点迷津。虽然我很富有，但这个城市的人都对我横眉冷对。生活真像一场充满尔虞我诈的厮杀，我什么时候才能过上好日子呢？"

"那你就停止厮杀呗，这样好日子就来了！"智者回答他。

商人对这样的告诫感到无所适从，他带着失望离开了智者。

在接下来的几个月里，商人的情绪变得糟糕透了，他与身边每一个人争吵谩骂，由此结下了不少冤家。一年以后，他变得心力交瘁，再也无力与人一争长短了。

"唉，先生，现在我不想跟人家斗了。但是，生活还是如此沉重——它真是一副重重的担子呀，我什么时候才能过上好日子呢？"

"那你就把担子卸掉，这样好日子就来了！"智者回答。

商人对这样的回答很气愤，怒气冲冲地走了。

在接下来的一年当中，他的生意遭遇了挫折，并最终丧失了所有的财富。

妻子带着孩子离他而去，他变得一贫如洗，孤立无援。

于是，他再一次向这位智者讨教。

"先生，我现在已经两手空空，一无所有，生活里只剩下了悲伤。"

"那就不要悲伤，好日子就来了！"

商人似乎已经预料到会有这样的回答。这一次，他既没有失望也没有生气，而是选择待在智者居住的那个城市的一个角落。

有一天，商人突然悲从中来，伤心地号啕大哭了起来——几天，几个星期，乃至几个月地流泪。

最后，商人的眼泪哭干了。他抬起头，早晨和煦的阳光正普照着大地。

于是，商人又来到了智者那里。

"先生，生活到底是什么呢？好日子怎样才能得到？"

智者抬头看了看天，微笑着回答道："一觉醒来又是新的一天，你没看见那每日都照常升起的大阳吗？这就是好日子啊！"

（佚名）

走出过去的阴影

让我们在心灵的一个角落里，珍藏起我们走过的路上种种的喜怒哀愁、酸甜苦辣，然后，把更广阔的心灵空间留给现在，留给此时此刻！

没有一个人是没有过失的，如果有了过失能够决心去修正，即使不能完全改正，只要继续不断地努力下去，也就对得住自己的良心了。徒有感伤而不从事切实的补救工作，那是最要不得的！

人很容易被负疚感左右，在人们的文化中，内疚被当做一种有效的控制

手段加以运用。

的确，我们应当吸取过去的经验教训，但绝不能总在阴影下活着，内疚是对错误的反省，是人性中积极的一面，但却属于情绪的消极一面。我们应该分清这二者之间的关系，反省之后迅速行动起来，把消极的一面变为积极，让积极的一面更积极。

哈蒙是一位商人，四处旅行，忙忙碌碌。当能够与全家人共度周末时，他非常高兴。他年迈的双亲住的地方，离他的家只有一个小时的路程。哈蒙也非常清楚自己的父母是多么希望见到他和他的全家人。但他总是寻找借口尽可能不到父母那里去，最后几乎发展到与父母断绝往来的地步。不久，他的父亲死了，哈蒙好几个月都陷于内疚之中，回想起父亲曾为自己做过的所有好事情。他埋怨自己在父亲有生之年未能尽孝心。在最初的悲痛平定下来后，哈蒙意识到，再大的内疚也无法使父亲死而复生。认识到自己的过错之后，他改变了以往的做法，常常带着全家人去看望母亲，并一直同母亲保持密切的电话联系。

大家再看一下赫莉是怎么处理的：

赫莉的母亲很早便守寡，她勤奋工作，以便让赫莉能穿上好衣服，在城里较好的地区住上令人满意的公寓，能参加夏令营，上名牌私立大学。赫莉的母亲为女儿"牺牲"了一切。当赫莉大学毕业后，找到了一个报酬较高的工作。她打算独自搬到一个小型公寓去，公寓离母亲的住处不远，但人们纷纷劝她不要搬，因为母亲为她做出过那么大的牺牲，现在她撇下母亲不管是不对的。赫莉立刻感到有些内疚，并同意与母亲住在一起。后来她看上了一个青年男子，但她母亲不赞成她与他交朋友，强有力的内疚感再一次作用于赫莉。几年后，为内疚感所奴役着的赫莉，完全处于她母亲的控制之下。而到最终，她又因负疚感造成的压抑毁了自己，并为生活中的每一个失败而责怪自己和自己的母亲。

当然，处在某种情境之下，我们的头脑会被外在因素所控制而不再清醒，不自觉地陷在内疚的泥潭里无法自拔。这时候既需要有人当头棒喝，更需要自己毅然决然作出选择。

（佚名）

不拒绝命运的雕琢

困难与折磨对于人来说，是一把打向坯料的锤，打掉的应该是脆弱的铁屑，锻成的将是锋利的钢刀。

自古英雄多磨难，不拒绝命运的雕琢，才能有所作为。

深山里有两块石头，第一块石头对第二块石头说："去经一经路途的艰险坎坷和世事的磕磕碰碰吧，能够搏一搏，也不枉来此世一遭。"

"不，何苦呢，"第二块石头嗤之以鼻，"安坐高处一览众山小，周围花团锦簇，谁会那么愚蠢地在享乐和磨难之间选择后者，再说，那路途的艰险磨难会让我粉身碎骨的！"

于是，第一块石头随山溪滚涌而下，历尽了风雨和大自然的磨难，它依然义无反顾、执著地在自己的路途上奔波。第二块石头讥讽地笑了，它在高山上享受着安逸和幸福，享受着周围花草簇拥的畅意抒怀，享受着盘古开天辟地时留下的那些美好的景观。

在许多年以后，饱经风霜、历尽尘世之千锤百炼的第一块石头和它的家族已经成了世间的珍品、石艺的奇葩，并且被千万人赞美称颂，享尽了人间的富贵荣华。第二块石头知道后，有些后悔当初，现在它想投入到世间风尘的洗礼中，然后得到像第一块石头那样拥有的成功和高贵，可是一想到要经历那么多的坎坷和磨难，甚至疮痍满目、伤痕累累，还有粉身碎骨的危险，便又退缩了。

一天，人们为了更好地保存那石艺的奇葩，准备为它修建一座精美别致、气势雄伟的博物馆，建造材料全部用石头。于是，他们来到高山上，把第二块石头粉了身、碎了骨，给第一块石头盖起了房子。

第一块石头，选择了艰难坎坷，懂得放弃享乐，所以它成了珍品，成了石艺的奇葩。只可惜第二块石头，不仅最后落得粉身碎骨的下场，而且成了废物。

（佚名）

为爱奔跑

阳光灼灼的夏日，一个微微有些胖的女子，在尘埃飞扬的街头气喘吁吁地奔跑——仅为回他一个电话。

他和她，不过是小城里两个平凡的上班族，共同经营着一份平常的感情。他已经忘了最初是怎么相识的，也忘了最初是怎么走到一起并相爱的。

说到"相爱"，他觉得用这两个字来形容他们之间的关系，似乎不太妥当，至少有些奢侈的味道——"相爱"应该是指"相互爱恋"吧？

当然，他感觉得到她是爱他的——从她每次悄悄凝视他，直至不自觉傻笑的脸上。

可是，他对自己的感情没有把握。用她的话形容，就是感情没到位。

其实也不是不喜欢她，他还是有些喜欢她的，要不他每天也就不会一想到什么或碰到什么，就打电话向她倾诉——但也仅限于此。

感觉上，他对她的感情，比喜欢多一点点，离爱，还少一点点。

他知道，凭她的聪慧敏感，也能感觉得出来。只是，她心里认定：事情可能会有转机，所以，她一直努力着。

他也心照不宣地配合着她的努力。

可是，这种事，总是不能勉强的，他们的努力，对他那种状态毫无帮助。

最后，夏日将尽的时候，她显得十分疲惫，终于轻轻地说："不如分开一阵子吧！”

他不做声，默认了这种提议。

虽然她极力控制住感情，想不失态、平静地从他身边离开，他还是看见她眼睛里的泪水慢慢地涌上来。他心里掠过一丝难过。

就这么分开了。最初，他不太习惯，像只无头苍蝇似地乱窜。过了一段时间，才平静了心情整理好情感。某天，他突然想起：交往那么久，他从来没去接过她。无意识地，他便踱到她办公楼的对面等待——其实也不知道等什么，他只想在她不知道的情况下去看看她。可惜，他并不知道她在哪间办公室上班，所以仍见不着她。于是，他又不自觉地 CALL 了她。一会，他看见对面的三楼上跑下一个身影。那个身影跑下三楼，穿过一条街，沿着一条 50 米岔道，直跑到另一条主街——那儿有一个公用电话亭。

他突然明白，为什么以前她每次回他的电话，呼吸都那么急促。

她说过办公室里有电话，但那是公共财产。况且，一贯冷静理智的她，怎么能当着全办公室人的面，低着头，红着脸说“我想你”之类的话？所以每一次回他的电话，她都要从办公室三楼跑下，穿过一条街，沿着一条 50 米岔道，直跑到另一条主街——用那儿的公用电话亭的电话。

每天，他 CALL 一次，她跑一次；他 CALL 两次、三次、多次，她跑两次、三次、多次……

阳光灼灼的夏日，一个微微有些胖的女子，在尘埃飞扬的街头气喘吁吁地奔跑——仅为回他一个电话。

他的心一动，就温柔地痛起起。

他忙大步流星朝那个为爱奔跑的女子走过去，他要告诉她：他现在是多么爱她！

（佚名）

直面选择

学会选择，用心去选择吧，谁掌握了选择的主动，谁就掌握了人生的命运。

他，出生在意大利的一个面包师家庭，他的父亲是个歌剧爱好者，父亲常把卡鲁索、吉利、佩尔蒂莱的唱片带回家听，耳濡目染，他从小就喜欢上了唱歌。

长大后他依然对唱歌情有独钟，但是他喜欢孩子，喜欢教师这个职业，他希望成为一名很有影响力的教师。于是，他考上了一所师范学校，在学习期间，一位名叫阿利戈？波拉的专业歌手收他做了学生。

临近毕业的时候，他问父亲："我应该怎样选择？是当教师，还是当一名歌唱家？"

他父亲很含蓄地回答："如果你想同时坐两把椅子，你只会掉到两把椅子之间的地上，你应该选定一把椅子。"

听完父亲的话，他选择了教师职业。在从教中，他感到自己在这方面很难有建树，只好离开了学校，选择了唱歌。

17岁时，他的父亲介绍他到"罗西尼"合唱团，他开始随合唱团到各地举行音乐会，并经常在免费音乐会上演唱，希望能引起大家的留心和注意。

可是，近七年过去了，他还是无名小辈，眼看着周围的朋友都有了成就，而自己还没有养家糊口的能力，他苦恼极了。偏偏在这个时候，他的声带长了一个小疖，在一场音乐会上，他吃力地演唱，被观众的倒喝彩给轰下了台。

此时，他可以选择半途而废，也可以选择坚持，但他想起了父亲对他说的话，他最终选择了坚持。

几个月后，他在一场歌剧比赛中崭露头角，后来，演出了歌剧《波希米亚人》，演出结束了，他赢得了观众雷鸣般的掌声。

从此，他的知名度不断上升，成为活跃于国际歌剧舞台上的最佳男高音。

当一位记者采访他成功的秘诀时，他说："我的成功在于我在不断的选择中选对了自己施展才华的方向。"

他就是名震世界的男高音歌唱家帕瓦罗蒂。

人生处处有选择，小到柴米油盐日常琐事，大到上学就业择偶终身大事。人的一生，只有一件事不能选择，那便是出身，其他的一切，都是自己选择的结果。

选择是世界上最伟大的力量，是改变自然和人类社会的重要杠杆，是撬动地球移动的最佳支点，是决定人生成败的最重要的因素。

孤独中有了选择，便有了心灵的慰藉，信念的支撑；

痛苦中有了选择，便有了治痛的偏方，坚强的毅力；

黑暗中有了选择，便有了走出黑暗，迎来光明的希望；

失败中有了选择，便有了逆境的奋起，重振的雄风；

成功中有了选择，便有了欲穷千里目，更上一层楼的胸怀和壮举。

要想实现人生价值，就要勇敢地直面选择，千万不要回避选择，因为只有选择才会给你的生命不断注入活力；只有选择才能使你拥有把握人生命运的伟大力量；只有选择才能把你人生的美好梦想变成随手可及的现实。

选择有两种，一种是正确的选择，一种是错误的选择。

正确的选择，所付出的努力才有美好的结果，成功的方向才不会出现偏差，人生的价值才能得以真正的体现。

错误的选择，是人生种种不幸的根源，它往往会使你的努力付诸东流，会使你的行为南辕北辙，会使你的人生遭受灭顶之灾，甚而至于会使你留下千古骂名。

选择，不仅伟人能够作出伟大的选择，平凡的人也同样能够作出惊人的选择。

当库尔斯克号沉入冰冷的巴伦支海海底，库尔斯克号上的水兵的第一反应就是关闭核反应堆，以防止核泄漏危害沿岸居民，就是这一选择，意味着他们将生还的希望降到冰点，将生的机会留给了俄罗斯人民。无关紧要的选择，即使选择错了也无所谓，而当面对改变人生命运的选择时，我们需用自己的心灵来作出选择。

学会选择，用心去选择吧，谁掌握了选择的主动，谁就掌握了人生的命运。

（佚名）

珍　爱

不要上铜币的当，要寻找珍爱。

工作是一回事，珍爱你的工作，又是一回事。

在我遇见班奇太太之前，护理工作的真正意义并非我原来想象的那么一回事。

"护士"两字虽是我的崇高称号，谁知得来的却是三种吃力不讨好的工作：替病人洗澡，整理床铺，照顾大小便。

我带上全套用具进去，护理我的第一个病人——班奇太太。班奇太太是个瘦小的老太太，她有一头白发，全身皮肤像熟透的南瓜。"你来干什么？"她问。

"我是来替你洗澡的。"我生硬地回答。

"那么，请你马上走，我今天不想洗澡。"

使我吃惊的是，她眼里涌出大颗泪珠，沿着面颊滚滚流下。我不理会这些，强行给她洗了澡。

第二天，班奇太太料我会再来，准备好了对策。"在你做任何事之前，"她说，"请先解释'护士'的定义。"

我满腹疑团望着她。"唔，很难下定义，"我支吾道，"做的是照顾病人的事。"

说到这里，班奇太太迅速地掀起床单，拿出一本字典。"正如我所料，"她得意地说，"连该做些什么也不清楚。"她翻开字典上她做过记号的那一面慢慢地念："看护：护理病人或老人；照顾、滋养、抚育、培养或珍爱。"她啪的一声合上书。"坐下，小姐，我今天来教你什么叫珍爱。"

我听了。那天和后来许多天，她向我讲了她一生的故事，不厌其详地细说人生给她的教训。

最后她告诉我有关她丈夫的事。"他是高大粗骨头的庄稼汉，穿的裤子总是太短，头发总是太长。他来追求我时，把鞋上的泥带进客厅。当然，我原以为自己会配个比较斯文的男人，但结果还是嫁了他。"

"结婚周年，我要一件爱的信物。这种信物是用金币或银币蚀刻上心和花图案交缠的两人名字简写。用精致的银链串起，在特别的日子交赠。"她微笑着摸了摸经常佩戴的银链。"周年纪念日到了，贝恩起来套好马车进城去，我在山坡上等候，目不转睛地向前望，希望看到他回来时远方卷起的尘土。"

她的眼睛模糊了。"他始终没回来。有人第二天发现那辆马车，他们带来了噩耗，还有这个。"她毕恭毕敬地把它拿出来。由于长期佩戴，它已经很旧了，但一边有细小的心形花型图案环绕，另一面简单地刻着："贝因与爱玛。永恒的爱。"

"但这只是个铜币啊。"我说，"你不是说是金的或银的吗？"

她把那件信物收好，点点头，泪盈于睫。"说来惭愧。如果当晚他回来，我见到的可能只是铜币。这样一来，我见到的却是爱。"

她目光炯炯地面对着我。"我希望你听清楚了，小姐。你身为护士，目前的毛病就在这里。你只见到铜币，见不到爱。记着，不要上铜币的当，要寻找珍爱。"

我没有再见到班奇太太。她当晚死了。不过她给我留下了最好的遗赠：帮助我珍爱的工作——做一个好护士。

（佚名）

一枚金币的代价

顽固坚持自己的想法，而不试图理解对方，那就会受到损失。

一天，一个商人在大岛上沿着一条公路行走，看到一个小包掉在地上。他捡起小包，吃惊地发现里面有 3 枚金币，每枚值 1 两黄金。他兴高采烈，准备带着这份意外之财回家去。

这时，过来一个散步的人，说这个包是他的，是他掉在这里的，他当然要求商人把 3 枚金币还给他。

商人却不以为然，他声称："谁捡到就是谁的。"

两人都据理力争，吵个没完。他们俩是那样全神贯注，以致不知不觉地调换了他们在争吵中的位置。

金币原来的主人说道："其实，既然我已经丢了，那就丢了呗。"商人则回答："总而言之，我是偶然捡到的，这钱不属于我。"

这样，他们的意见仍然完全相反。一个决意要还钱，一个再也不想要。他们又吵了起来。

"还是请你拿去吧……"

"千万别这样，这钱现在是你的了。"

他们又像起初一样，没完没了地争吵起来，不过彼此互换了角色。

他们不知道如何解决才好，于是便一致决定请第三者裁决；对于他的裁决，他们都将不再表示异议。

于是，他们就去拜访当时最著名的法官大冈忠相。

法官仔细地听取了他们两人的申诉，然后作出了裁决："你们俩都愿意让给另一个人的这 3 枚金币由官方没收。既然你们都放弃了这笔钱的所有权，那你们是不会反对的。"

这位大法官拿起 3 枚金币，走进了他的办公室。

两个人都呆在那里发愣，思索着什么，像是有点后悔似的……这时候，法官回来了，手里拿着两个小包。他又对他们说：

"你们是那样固执，每个人都坚持自己有理，所以你们两人都失去了这笔钱。这样，你们就得到了一个很好的教训：顽固坚持自己的想法，而不试图理解对方，那就会受到损失。我也同样得到了一个重大的教训，那就是你们的谦虚和你们的慷慨所给予我的教训。因此，我要给你们每人送一份礼物。"

他递给每人一个小包，每个包里装着两枚金币。

大法官大冈忠相从这件事里得出结论说：

"你们俩现在拿到的这 4 枚金币，就是你们带给我的那 3 枚，再加上我为了感谢你们对我的教育从自己口袋里拿出来的 1 枚。在这以前，你们每个人都认为自己有 3 枚金币；后来又都失去了。从现在起，你们每个人都有了两枚金币，而且可以保存下去。你们每个人都失去了 1 枚金币，我给添了 1 枚，因此我也失去了 1 枚金币。这就使得我们大家都失去了同样的东西：1 枚金币。这就是代价，我们 3 个人为了刚刚受到的教育都付出了同样的代价。"

（佚名）

敢于异想天开

> 我们很多人都会回首往事，忆起生活中随着我们生命的延续而起着越来越重要的作用的某些特定时刻。

我想，我们很多人都会回首往事，忆起生活中随着我们生命的延续而起着越来越重要的作用的某些特定时刻。

对于我来说，那样的时刻之一发生在我十七岁的时候。当时我是肯塔基州路易斯维尔一所中学的高年级学生，代表本州参加在阿拉巴马州的莫比尔举行的1963年度美国少年组小组选美比赛。

她是评委之一，一位著名的作家，一个看着你时，一双海灰色眼睛射出激光般的穿透力、出语总是深思熟虑的女人。她知道该用什么话来使一切得以改变。她的名字叫凯瑟琳·马歇尔。

一见到凯瑟琳·马歇尔，我就意识到她在以一种更为严格的标准支配着我——实际上是支配我们所有的人。其他的评委们就最感兴趣的爱好和社交活动提问，她却寻找机会挑战。她认为十七岁的姑娘——或许特别是十七岁的姑娘——应该被促使去审视她们的志向、抱负，并同自身的价值联系起来。露天演出的最后一天，我们正在后台等候时，一位演出负责人说，凯瑟琳·马歇尔想同我们讲几句话。

她的眼睛盯着我们："你们为自己设立的目标，我已听说了。但我认为，你们的目标还不够高。你们有天赋、才智和机会。我认为你们应该攻取那些目标并使之更加高远。要去想你们一生中最能够做的事情，去做你们真正关心的事情。总之，要异想天开。"

这并不太像是一番带有挑战意味的教诲，但我却为之震慑，犹如一只看见了亮光的小动物。

这个让我如此钦佩的女人对我们感到失望了——并不是对我们自身，而是对我们那些微小的追求。

我在那一年的少年组小姐选美比赛中获胜。秋季，我进了威斯勒大学。1967年，我获得了英国文学学士学位，但却不知道拿它做什么好。

我去找了我父亲，他是位律师。"可是，你做什么才感到最有趣呢?"他问。

"写作，"我慢条斯理地答道，"我喜欢文字的魅力，并且喜欢同别人一道工作，还喜欢接触世界上正在发生的事情。"

他想了一会儿："你想没想到过电视?"

我还没有。

在当时，即使我们那个地方有女电视记者的话，也是寥寥无几。成为这一领域的开路先锋的想法听起来就像是异想天开。于是，我穿上最好看的女记者服，到路易斯威尔的 WLKY 电视台去见新闻部主任，说服他给我一个机会。

他给了我这个机会——在以后的两年半时间里，我是一名天气和新闻联合报道的播音员。

不过，我终于开始不满足起来，夜不能寐，感到有什么不对劲儿，我要等待事情显露端倪，等待那指向远大梦想的迹象。而我并没有意识到凯瑟琳·马歇尔无疑知晓的那一切——梦想不是目的而是过程。

1969年，我父亲突然在一场车祸中丧生。他的去世，连同我渴求改变自己生活的愿望，催促着我去另找一份工作;看来这也激起了我对政府、法律和政治这个领域的兴趣。我费尽心机，到处试探。后来，我父亲的一位同事对我说："去华盛顿怎么样?"

几个月后，我乘上了飞往华盛顿的班机。

现在听起来可能是难以置信的天真，但当飞机在国家机场着陆时，我带着自己是来工作的坚定信念下了飞机。

由于我父亲的一位朋友的好心推荐，我见到了白宫新闻秘书容·兹格勒尔。我被雇用了。那可是些繁忙的日子，我起早贪黑地拼命工作，我喜欢我工作的每一个部分。

水门事件发生了。1974年夏天，总统辞职。我立刻被指定为总统在加州圣·克里门特的过渡时期小组成员。

在漫长的流放期间，凯瑟琳·马歇尔和她丈夫有一天打电话说他们来了。他们来拜访了我。

我再次感到那带有探寻意味的凝视和其中包含的那句话，"下一步该干什么？"我又一次意识到一个人的巨大魅力是勇于将别人控制在一个标准之上。而且，我再次认识到，一句寸步不让的询问会逼使人去重新审视一下生活。今天，在我当了三年的 CBS 早间新闻的播音员之后，成了电视新闻杂志六十分钟节目的编委。我们以拼命的速度夜以继日地工作，还包括频繁的外出。我随时备有一只手提箱，可以有备无患地根据紧急通知乘飞机出差。

纽约的公寓成了我的避难所。在这里我可以穿着牛仔裤和长袖圆领运动衫自由自在地闲逛。有时弹钢琴，松弛一下神经，有时又做些简单而令人心满意足的事情来消遣——如烘烤一锅小松饼或者整理一只陈旧的抽屉。这是默默地重新估价生活的时候。

当我又重新步入世间——谁知道我下一站将飞往何处呢？——我几乎总能听到一个奇特的女人用她猛烈的挑战激励着我迈步向前，不管那梦想是多么的远大和更加异想天开。

（佚名）

优雅的标准

整个世界，整个将来都展现在面前，就像一幅所有的门都大打开的广阔的全境画。

我14岁的儿子约翰和我几乎同时一眼就看上了那件衣服。它挂在马萨诸塞州的北安普顿一家旧衣店里的一个衣架上，跟那些劣质军用雨衣和一大堆各种各样糟透了的呢绒大衣塞在一起——简直就是鲜花插在牛粪上。

别的衣服都无精打采，唯有这件显得精神抖擞。

这件双排扣的大衣上的厚厚的黑色的呢绒软软的，新新的，就好像在亨利老爹的轮船衣箱里的樟脑球里保存了多少年似的。

这件大衣有个黑色的天鹅绒衣领，做工精巧，挂着个第五大街的标签，还有个叫人难以相似的标价：28美元。

我俩对视了一下，没有说什么，可约翰的眼睛都亮了。

当时十几岁的男孩子中正时兴这种深色的呢绒轻便大衣，一件新的要值好几百美元呢。但眼前这件比新的还要好，因为它带有往日的那种古典式的、优雅的韵味。

约翰把胳膊套进很深的缎子衬里的衣袖，然后扣上纽扣。他转过来转过去，在镜子里审视自己，表情严肃认真，但很快就转为笑容。那大衣穿在他身上是再合适不过了。

约翰第二天就穿着那件大衣上学校去了，回来的时候眉开眼笑的。"同学觉得你的大衣怎么样？"我问。"他们都说棒极了，"他说着，小心翼翼地把大衣叠放在一把椅子的椅背上，然后把它抚平。我便开始叫他"波特公爵"和"了不起的盖茨比"来。

随后的几周里，约翰的身上发生了一种变化。同意取代了反对，安静理智的讨论取代了争吵。他变得更明智审慎，更富于男子气了，更体贴人了，更会讨人喜欢了。"真好吃，妈妈，"每天晚上他都这么说。现在他总是慷慨大方地把自己的磁带借给弟弟，教他如何言谈举止得体；现在，他总是毫无怨言地把烧炉子用的柴禾搬进家来。有一天，我建议他在晚饭前开始做作业，约翰，这个拖拖拉拉的老手，竟然说："您说得对，我看我是得这样。"我对他的一个老师提起这件事，并且说自己搞不清其中的原因时，这位老师笑着说："准是那件大衣！"

还有一个老师告诉约翰说她给他一个高分不仅是因为他的成绩好，而且是因为她喜欢他的大衣。

一天，在图书馆，我们碰到了一位老朋友，他好多年都没看到过我们的孩子们了。"这就是约翰吗？"他看着约翰刚长出的个头，端详着他大衣的样式问道，并且伸出手来，这是绅士与绅士之间的握手。约翰和我都明白我们决不应当以貌取人，以衣着取人。但按照优雅的标准来穿着，来让世人看思想、谈吐、举止、内外一致绝不是没有道理的。

有时候，看着约翰出门上学去，我心中一阵刺痛地回忆起我八年级时的感觉——那是一个从不同角度接触生活就像试衣服那么容易的时代。整个世界，整个将来都展现在面前，就像一幅所有的门都大打开的广阔的全境画。要是我此时此刻就在那儿的话，我也会描绘自己穿着我漂亮而迷人的衣服走进那些大门。

（佚名）

最好的忠告

假如我一旦成功，这一定是我自己，而不是别人。

在我大约 12 岁时，有个女孩子是我的对头，她总爱挑我的缺点。日久天长，她把我的缺点数了一大串，什么我是皮包骨，我不是好学生，我是捣蛋姑娘，我讲话声音太大，我自高自大……我尽量克制着自己。最后，我再也忍不住了，含着眼泪和愤怒去找爸爸。

爸爸平静地听完我的申诉后，问道："她所讲的这些是否正确？"

"正确？但我想知道的是怎样回击！它同正确有什么关系？"

"玛丽亚，难道知道自己实际上是怎样的不好吗？现在你已知道那个女孩子的意见，去把她所讲的都写出来，在正确的地方标上记号，其他的则不必理会。"

我遵照爸爸的话将那个女孩子的意见列了出来，并奇怪地发现，她所讲的有一半是正确的。有一些缺点我不能改变，例如我很瘦；但是大多数我都能改，并愿意立即改掉它们。在我的生平中，我第一次对自己有一个公正清晰的认识。

我把单子送给爸爸，他拒绝收下。爸爸说："留给你自己吧！你现在比任何人都了解自己。

当你听到意见时，不要由于生气、伤心而听不进去。正确的批评你会分辨出，它在你的内心产生反响。"

父亲是镇子上最有学识的人。他是当地最有名望的律师、法官及校务会的会长。当然，眼下我还很难完全接受爸爸的话。

"不管怎样，我认为在别人面前议论我是不对的。"我说。

"玛丽亚，只有一条路可以不再被人议论、不受别人批评，那就是什么也不说，什么也不做。当然，结果便是你一事无成。你是不愿成为这种人的，对吗？"

"那当然！"我承认道。从那时起，我就立下了雄心。

对于如何正确地听取意见，我还经过一个更惨痛的教训。那次我们要参加一个高年级演出，在一个节目里，我将担任主角，多令人兴奋啊！

在演出的前几天，我的朋友们商定要到附近的湖边去野炊，那天天气阴冷，妈妈想让我呆在家里免得着凉。我为此大发脾气。最后在我答应不下湖游泳后，妈妈才让步了。

当然，我仅遵守允诺的字眼而不是精神。当别人下水时，我也不甘落后，穿上游泳衣上了划艇。

当我最后划向岸边时，几个男同学开始摇晃我的船；我正准备靠岸，船翻了。为了不掉到水里，我一步迈上岸，不料却踩到了一个破瓶子，碎玻璃一直扎到脚跟的骨头上。

在那场演出中，我没有上场。我住院时，我的替角的演出获得了成功。

"但是我遵守了自己的允诺，并没有去游泳。"我对父亲说。

"玛丽亚，妈妈讲的话，你只听了一半。她让你答应的是要避免感冒，去游泳只是它的一部分，你只听了一半道理。结果，你自己受到惩罚。"

最后我辩解道："我所有的朋友都认为如果我呆在船里，就不会出事了。"

"但是他们都错了！"爸爸停了一会儿说，"你会发现世界上有许多人，他们自认为在对你负责。不要拒绝听他们的意见。但是只要吸收正确的，并去做你认为是正确的事情。"

在许多关键的时候，我都想起父亲的教导。由于一个偶然的机会，我来到好莱坞闯入电影界。在电影城我试遍了每一家制片厂。岁月流逝，两年过去了，我还没有找到工作。有一位导演，讨厌总碰到我。他说："你的鼻子太大、脖子太长，你这副模样永远不能演电影。相信我，我是内行！"我想：假如这是正确的，但我对此无能为力。对我的脖子和鼻子我毫无办法，只好不管它们而用加倍的努力来取得成功！我所需要的正确意见，最后来自一位善良、聪慧，名叫杰罗姆·克恩的人。他对我说："你必须学会用你自己的方法去唱。"

起初，我很灰心，对他的话也不大在意；事后，我又想了一遍，觉得很对。它鼓舞着我，正像父亲常对我讲的那样。假如我一旦成功，这一定是我自己，而不是别人。

几个星期以后，好莱坞夜总会宣布候补演员演出节目。同以往一样，"候补玛丽"又登台了。但这次，我不试图模仿他人，我是我自己。我不想施展魅力，只穿上一件普通的镶有黑边的白罩衫，并用我在得克萨斯学到的唱法放开喉咙歌唱。我成功了，并找到了工作。

（佚名）

你们都是最优秀的

你们要加倍努力，直到你们赶上来。

我开始教学生涯的第一天，先上的几节课里还顺利。我于是断言，当教师是件容易的事。接着，轮到了我那天的最后一节课——给7班上课。

当我朝教室走去时，我听见了桌椅乒乒乓乓的撞击声。我走进教室：见一个男孩将另一个男孩按在地板上。"听着，你这低能儿。"被压在底下者嚷道："我又没骂你妹妹！"

"不许你碰她！你听到我的话了么？"骑在上面那男孩威胁道。

我用黑板擦在讲桌上拍了拍，叫他们停止打斗，刹那间，14双眼睛刷地一下集中到我脸上，我意识到自己没什么震慑力。那两个男孩悻悻地爬起来，慢条斯理地走到自己座位上。这时，走廊对面教室的老师把头伸进门来，喝斥我的学生们坐下，闭上嘴巴，照我的话去做。我感到无能为力，被冷落在一边。

我尽力地讲授我备好的课，但遭到的却是一片谨慎戒备的面孔。下课后，我拦住了打架的那个男孩，他叫马克。"太太，甭浪费时间喽！"他对我说，"我们是低能儿。"说罢便悠哉游哉地溜出了教室。

我一听顿时瞠目结舌，颓然跌坐到椅子上，开始怀疑我究竟是否该当教师。像这样尴尬地收场，难道是解决问题的办法么？我对自己说，我姑且忍耐一年——待翌年夏天结婚后，我将去做更有收益的事情。

"他们让你为难了，是不是？"先前进来干涉的那位同事问。

我点点头。

"别犯愁，"他说，"我在暑期补习班教过其中许多人。他们中的大部分都将毕不了业，我劝你不要把时间浪费在那帮孩子身上。"

"你的意思是……"

"他们生活在田间的小棚屋里，他们是随季节流动的摘棉工的孩子，只有在心血来潮时，他们才会来上学。昨天摘蚕豆时，挨揍的那男孩招惹了马克的妹妹，哥哥便叫人报复。今天吃午饭时，非叫他们闭嘴不可。你只需让他们有点事做，保持安静就行了。如果他们惹麻烦，就打发他们来见我。"

当我收拾东西回家时，总也忘不了马克说"我们是低能儿"时脸上的表情，低能儿！这字眼在我脑海里反复出现。我琢磨了许久，认为必须采取点戏剧性的行动。

次日下午，我请求那位同事别再进我教室来，我要按照自己的方式来管束这些孩子，我返回教室，逐个打量着学生们。然后，我走到黑板跟前，写上"丝妮珍"。

"这是我的名字，"我说："你们能告诉我它是什么吗？"

孩子们说我的名字挺古怪的，他们以前从没见过那样的名儿，于是，我又走近黑板，这次我写的是"珍妮丝"。几个学生当即脱口念出声来，随后蛮有兴趣地说那就是我。

"你们说得对，我的名字叫珍妮丝。"我说，"我刚上学时，老把自己的名字写错。我不会拼读词语，数字在我脑海里浮游不定。我被人称做'低能儿'。对了——我是个'低能儿'，我至今依然能听见那些可怕的声音，感到羞惭不已。"

"那你是如何成为老师的?"有个学生问。

"因为我恨那外号。我脑子一点也不笨。我最爱学习，所以才会在今天给你们上课，倘若你们喜欢'低能儿'这贬称，那么你们尽可以走，换个班好了。这间教室里没有低能儿!"

"我不会迁就你们。"我继续说："你们要加倍努力，直到你们赶上来。你们将会以优异的成绩毕业——我还希望你们当中有人接着读大学哩。这可不是开玩笑，而是许诺。在这间教室里，我再也不想听见'低能儿'这词儿了。因为，你们都是最优秀的，你们明白了吗?"

这时，我发现他们似乎坐得端正些了。

我们确实非常努力。时隔不久，我便看到了希望。尤其是马克，相当聪明。我听他在走廊内对另一个男孩说："这本书真好，我们原先从没看过小人书。"他手里拿着一本《杀死模仿鸟》。

几个月眨眼就过去了，孩子们的进步令人吃惊。有一天，马克说："人家认为我们笨，还不是因为我们讲话不合规范。"这正是我期待已久的时刻。从此，我们可以专心学习语法了，因为他们需要它。

眼看 6 月日益临近，我心头好难过：他们要学的东西实在太多了。我的学生都知道我即将结婚，离开这个州。每逢我提起这事，7 班的学生们便明显躁动不安起来。我为他们喜欢我而高兴。但是我就要离开这所学校了，他们会生我的气么?

我最后一天去上课时，一走进大楼，校长即招呼我："请你跟我来，好吗?"他面无表情地说："你教室里出了点蹊跷事。"他径自直视前方，带着我穿过走廊。我暗自纳闷：这次又是怎么啦?

嗨! 7 班的教室外边，14 名同学整齐地站成两排，个个笑逐颜开。"安

德逊小姐，"马克不无自豪地说，"2班送给您玫瑰，3班送给您胸花——然而，我们更爱您。"他示意我进门，我凝神往里头瞧去。

好绚烂缤纷啊！教室的每个角落都摆着花枝，学生们的课桌上放着花束，我的讲桌铺了一块大大的花"毯"。我分外惊讶：他们是怎么办成这事的？要知道，他们大多来自贫困家庭，为了吃饱穿暖得靠学校补助。

此情此景，使我不由得哭泣起来。他们也失声跟着我哭了起来。

后来，我才弄清楚他们办这事的经过。马克周末在当地花店干活时，看到了别的几个班为我订的鲜花，遂向同学们提到它。这个自尊心极强的孩子，再不能忍受"穷光蛋"这类侮辱性的称呼。为此，他央求花店老板将店里不新鲜的花统统给他。尔后，他又打电话给殡仪馆，解释说他们班需要花为即将离任的老师送行。对方颇受感动，同意把每次葬礼后省下的花束给他。

那远不是他们给我的唯一礼物。两年后，14名同学全都毕业了，其中还有6人获得了大学奖学金。

20年后，我在一所著名的大学任教，距我当年从教时那地方不太远。我获悉，马克跟他的大学情人喜结良缘，并成为一位成功的企业家。更凑巧的是，3年前，马克的儿子进了由我执教的优秀生英文班。

每当我回忆起那一天被学生顶撞，自己居然想放弃这一职业，去做"更有收益"的事情时，我就禁不住哑然失笑。

（佚名）

机会靠自己去寻找

幸运从来不主动光顾你，要靠自己去寻找。有时候，给别人帮助的同时，其实也为自己创造了最好的成功机会。

20世纪50年代初期，有个叫丹尼尔的年轻人，从美国西部一个偏僻的

山村来到纽约。走在繁华的都市街头，啃着干硬冰冷的面包，他发誓一定要闯出一片属于自己的天空。

然而，对于没有进过大学校门的丹尼尔来说，要想在这座城市里找到一份称心如意的工作，简直比登天还难，几乎所有的公司都拒绝了他的求职请求。

就在他心灰意冷之时，有一天，他接到一家日用品公司让他前往面试的通知。他兴冲冲地前往面试，但是面对主考官有关各种商品的性能和如何使用的提问，他吞吞吐吐一句话也答不出来。说实话，摆在他眼前的许多东西他从未接触过，有的连名字都叫不出来。

眼看唯一的机会就要消失，在转身退出主考官办公室的一刹那，丹尼尔有些不甘心地问："请问阁下，你们到底需要什么样的人才？"主考官彼特微笑着告诉他："这很简单，我们需要能把仓库里的商品销售出去的人。"

回到住处，回味着主考官的话，丹尼尔突然有了奇妙的感想：不管哪个地方招聘，其实都是在寻找能够帮自己解决实际问题的人。既然如此，何不主动出去，去寻找那些需要帮助的人？他想，总有一种帮助是他能够提供的。

不久，在当地一家报纸上，登出了一则颇为奇特的启事。文中有这样一段话……谨以我本人人生信用作担保，如果你或者贵公司遇到难处，如果你需要得到帮助，而且我也正好有这样的能力给予帮助，我一定竭力提供最优质的服务……

让丹尼尔没有料到的是，这则并不起眼的启事登出后，他接到了许多来自不同地区的求助电话和信件。原本只想找一份适合自己工作的丹尼尔，这时又有了更有趣的发现：老约翰为自己的花猫咪生下小猫照顾不过来而发愁，而凯茜却为自己的宝贝女儿吵着要猫咪找不到卖主而着急；北边的一所小学急需大量鲜奶，而东边的一处牧场却奶源过剩……诸如此类的事情一一呈现在他面前。

丹尼尔将这些情况整理分类，一一记录下来，然后毫不保留地告诉那些需要帮助的人。而他，也在一家需要市场推广员的公司找到了适合自己的工作。不久，一些得到他帮助的人给他寄来了汇款，以表谢意。

据此，丹尼尔灵机一动，辞了职，注册了自己的信息公司，业务越做越大，他很快成为纽约最年轻的百万富翁之一。

后来，丹尼尔告诫自己的孩子：成功无定律，幸运从来不主动光顾你，要靠自己去寻找。有时候，给别人帮助的同时，其实也为自己创造了最好的成功机会。

（佚名）

诚实是生活之本

一个诚实可信的人，最终会赢得信誉，受人爱戴，并获得成功。

多年前，美国纽约的"红心慈善协会"准备为一家孤儿院盖一所大房子。在破土动工时，意外地挖到了一座坟墓。于是在报纸上刊登出启事，请死者家属速来商量移坟事宜，届时将得到补偿款五万美金。

32 岁的爱德华看了消息不由怦然心动，他的家就曾在那片土地上。父亲也确实死去了，但却不是葬在那里，就差了一点点。爱德华忍不住地想，要是父亲当初葬在这块地上就好了，他就可以轻而易举地获得 5 万美金。5 万元，这在当时真是一个惊人的数字呀。

可那不是自己的父亲，但爱德华还是抑制不住五万元的诱惑。他还想，这座坟墓既然没有人认领，自己可不可以冒充一回孝子，做一回儿子？爱德华为自己的想法所激动。不过启事上说得很明白：要去认领，得拿出相关的证明。

爱德华绞尽脑汁，终于想出了可以证明那是父亲坟墓的办法。他还到旧货市场买了一张 30 年前的旧发票，再到"丧事物品店"花了 6 美元，让人在旧发票上盖了一个章，证明他 30 年前曾为父亲在这里买过葬品。爱德华做得天衣无缝，喜出望外地跑去认爹了。

那家慈善机构的一位小姐热情地接待了爱德华。爱德华装出一副悲痛的模样，甚至掉下眼泪，痛哭不止，接待小姐却笑了，说："你不必这样，老

人家毕竟已经入土 30 年了，活人不该再这样悲痛。"爱德华感到自己是有点过了，就不再装腔作势。

接下来的事却让爱德华大吃一惊，小姐将他的姓名、住址记录在案，告诉他，他是第 169 位来认父亲的儿子。如果说得明白点，现在已经有 169 个儿子来认爹了，他们要一一审查，确认谁是其中的真儿子。

这对爱德华如当头一棒，怎么也没想到，会有这么多和他一样财迷心窍，想认爹的人。

当时美国国内，正值人心不古，全社会都在经受着一场信任与诚实的危机，人们对诚信的呼声日渐高涨。

事情被一家媒体报道，将这 169 位认爹的人姓名刊登在报纸上，告诉人们，人再贪财，爹是不能乱认的。这时对坟墓尸骨的鉴定也出来了，令人惊奇的是，这 169 位儿子都是假的。坟墓里的尸体已经有一百六十年了，死者的儿子不可能还健在。事情让人哗然。

这真是一个耻辱。

又是这家慈善机构宣布：如果大家确实想认爹，可以到老年收容所去，他们每人都将得到一个爹。看到如此的闹剧，美国上下深受震动。各界人士纷纷站出来讲话，呼吁诚信，提倡道德，重整人心，号召人们一定要做一个诚实坦白的人，一定要靠自己的劳动创造自己的未来。

在那次事件中，爱德华无地自容，非常惭愧。他将那份报纸珍藏起来，如金子似的保存着，以警示自己，一定要做一个诚实可信的人。十年后，爱德华成为了全美通信器材界的巨头。当有人问他创业和成功的秘诀时，爱德华坚定而感慨地说："诚实，是诚实帮助了我，它使我懂得了如何做人，使我有了事业并学会了如何待人，大无畏的诚实给了我一切。"一个诚实可信的人，虽然会被人欺骗，常常吃亏，但最终会赢得信誉，受人爱戴，并获得成功。

诚实，一直是美国人无比注重的东西，也是美国人创业腾飞的武器。做一个诚实的人是任何一个民族强大起来的根本。

（佚名）

145

瓶　魔

有些事物只有放弃才能有欢乐。

在夏威夷岛上住着一位名叫纪威的年轻男子，他拥有一只具有神奇魔力的瓶子。这只瓶子是他在旧金山游玩时，从一个老头儿那里以五十美元买来的。

老头儿住在一栋十分漂亮的房子里。他对纪威说，他的全部财产，包括这所房子和花园都来自于这只瓶子。瓶子里住着一个小魔鬼，只要有人买了瓶子，小魔鬼就听他指挥。他所渴望的一切——爱情、名誉、金钱、只要他一说出来，就全都是他的了。不过这个瓶子有个缺点，就是拥有瓶子的人，在愿望得到满足后，必须尽快以低于原价的价钱脱手转卖给别人，而且一定要收硬币。否则，死后就要下地狱受烈火的煎熬。

纪威买下这只有魔力的瓶子后，在乘船回夏威夷时，许愿说："我要在我出生的科纳海滨造一所美丽的房子和花园，门边阳光灿烂，花园里百花盛开……"回到夏威夷的檀香山，刚一上岸，纪威就意外地继承了一大笔遗产。于是纪威找来建筑师，让他给自己设计房子。建筑师设计的图样竟与纪威想像中的一点不差，而且造价也正是纪威所继承的那笔遗产的数目。

房子造好了，纪威给它取了个好听的名字"光明宫"。

不久，纪威又遇见一位美丽的姑娘——柯库娅，两人一见钟情，遂结为伉俪。纪威感到自己的愿望都已得到满足，便把瓶子以四十五美元的价钱卖给了别人。

纪威和柯库娅在光明宫里无忧无虑地生活着。这样过了一年。一天，纪威在浴室洗澡时，发现身上有一块斑，好像石头上的苔藓病。他知道自己得了苔藓病。无论谁得了这种病都将很快死去。纪威的全部希望顿时都像肥皂泡似的，一下子破灭了。

"我可以心甘情愿地离开我的故乡夏威夷，"纪威在痛苦地沉思，"我可以很轻松地离开我这所美丽的房子。可是柯库娅，我生命的光辉，我怎么能忍心和你永久地别离呢？……"

突然，纪威又想到了那个有魔力的瓶子。看来能拯救自己的只有它了。于是纪威四处打听那只瓶子的下落，最后在怀基海滨一个霍尔人家里找到了。

霍尔人对纪威说，瓶子离开纪威后，又数易其主，越卖越贱，他是以两美分从别人那里买进的。

"什么？"纪威大声说，"两美分？唔，那么，你只能卖一美分，而那个买瓶子的人——"买了那个瓶子的人将再也卖不出去了，那瓶子和魔鬼会一直跟他在一起，直到他死去为止，而他死后瓶魔一定会把他带入地狱的火坑里。可是，为了治好苔藓病，为了能和柯库娅在一起，纪威毅然地将瓶子买下了。

苔藓病治好了。可纪威却要永远受那瓶魔的约束，除了永远在地狱的烈火里熬成灰烬以外，没有更好的希望了。纪威在想像中远远望见了熊熊燃烧着的地狱之火，他的灵魂战栗了。

纪威失去了往日的快乐，变得郁郁寡欢。妻子柯库娅敏锐地觉察到了这一点，在妻子的催问下，纪威把全部事实都告诉了他。

"纪威，你为爱而献出了你灵魂的幸福，我一定要用我的双手拯救你！"柯库娅说，"我记得在法国有种小硬币叫生丁，一美分等于五生丁左右。纪威，咱们到法属群岛去推销吧。来，我的纪威！消除顾虑，柯库娅会保护你。"

可是，在法属岛屿帕皮提，纪威和柯库娅发现，当他们向人们提出以四生丁出售这个健康和财富的无穷无尽的源泉时，很难让人们相信你的真诚。此外，还必须说明那个瓶儿的危险性，人们更是赶紧敬而远之，仿佛躲开跟魔鬼打交道的人似的。

日子一天天过去，瓶子仍卖不出去，纪威一天比一天忧郁。看着丈夫痛苦的样子，柯库娅十分难受。终于，她打定主意，要代替丈夫去接受地狱之火的煎熬。

这天晚上，乌云随风吹来，月光黯淡，全城都已沉入梦乡。柯库娅在一街角的拐弯处找到一位又老又穷的外乡人。

"你帮我个忙好吗?"柯库娅说,"你愿意帮助一个夏威夷的女儿吗?"随即,柯库娅把纪威的故事从头到尾全部告诉了他。

"现在,"她说,"我丈夫为了爱情牺牲了灵魂的幸福,作为他的妻子,我该怎么办? 要是我自己向他去买那个瓶儿,他会拒绝。可是如果你去,他会急着卖掉,我在这儿等你,你花四生丁买来,我再以三生丁买进。"

老头儿十分感动,答应了。当老头儿把瓶子买来,又卖到柯库娅手中时,祝福说:"上帝保佑你,我可怜的孩子!"

瓶子卖掉了,纪威如释重负,又成了最初的那个快乐的纪威。而柯库娅却整天都生活在恐惧之中,怎么也高兴不起来。

本来纪威对于把那邪恶的瓶子卖给那个可怜的老头儿,就已感到深深的内疚和羞愧。柯库娅现在又莫名其妙地变得郁郁寡欢,纪威心中十分烦恼。于是,他整天在城里四处游荡,开始酗酒,结交了一些不三不四的朋友。

这天晚上,纪威和一个捕鲸船上的水手长一块喝酒。这个水手长是一名在逃的罪犯。他们酒醉饭饱之后,便结伴而回。经过房子窗前时,纪威无意识地朝里一瞧,正好看见柯库娅坐在地上,灯放在她身旁;她面前竟放着那个瓶。柯库娅在瞅着魔瓶,双手因恐惧而不知所措地绞拧着。

纪威在窗口站了好长的时间。最初他感到惊讶,接着他就明白了:是妻子柯库娅让老头儿买了那个瓶子。

妻子为他献出了她灵魂的幸福。现在他得为她献出他的灵魂了。纪威没有丝毫的犹豫,他找到水手长,告诉了他整个事情的前前后后,然后说:"这儿有两生丁,你帮我从我老婆手里把那瓶儿买过来,我再从你那儿花一生丁买回。可你无论如何不能对她说你是从我这儿买去的。"

水手长听后诡秘地一笑,答应了。

不多会儿,纪威便看见水手拿着那只瓶儿跟跟跄跄地走过来了。

"你买到那只瓶儿啦,快,我给你一生丁,你把它卖给我。"纪威说。

"什么,这么好的东西,你只出一生丁就想买走? 你别做梦了,瓶儿现在归我了,不卖!"水手长嚷道。

"我告诉你,"纪威说,"有了那瓶儿的人要下地狱。"

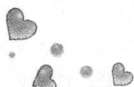

"我想我不管怎么也得下地狱。"水手长回答，"这个瓶儿还是我碰见过的，是带着下地狱的最好的东西。不卖了，先生！"水手长说完，得意地转身朝城里走去。

纪威像风一样轻快地奔向柯库娅，那天夜晚他们万分欢乐。从此，他们在光明宫过着平静安宁幸福的生活。

（佚名）

战胜心底的溃退

只有彻底击败心底的溃退，才能走向成功。

2002 年 7 月 4 日，刚好是美国独立日。美国百万富翁、58 岁的冒险家史蒂夫？福塞特在经历 6 次失败之后，实现了梦寐以求的理想，驾驶着"自由精神"号热气球安全降落在澳大利亚昆士兰州一个枯竭的湖边，结束了他的第七次单人环球飞行。

其实，7 月 2 日这一天，他的热气球飞过东经 117 度线的刹那间，就已经宣告航空史上又一个最伟大的记录诞生了。从 2002 年 6 月 19 日起，他一共飞行了 13 天 12 小时 16 分 13 秒，航程是 33971.6 公里，使我肃然起敬的倒不是航空飞行的记录，而是他那种经历了六次挫折后仍进行第七次飞行的精神。那是一种永不言败的精神。

反观我们，失败之后，总有千万个理由，要是再给我一点时间的话，要是条件好一点的话，要是对方认真对待的话……。我们总有找不完的借口为自己失败开脱，却从来看不到自身的主观不足。如果我们能正视自己存在的缺陷，然后逐一弥补，那么，我们离成功也就更近了。但因为我们总在找客观原因，为自己的失败遮掩，所以错失了继续前行的勇气。

一次次冠冕堂皇的溃退也一次次斩断了通往成功的路途。因此，史蒂夫·福塞特的行为再次提醒我们：只有彻底击败心底的溃退，才能走向成功。

（佚名）

世上最美的姑娘

幸福在事物的回味里，而不在事物的本身。

我站在地铁车站的平台上。车站的那头儿蹲着一只刚刚成年、中等大小的长毛牧羊犬。它正咧嘴笑着，顾盼流动的目光显露出非凡的善良和忠诚。

"喂！"我喊道。它闻声跑了过来，怀有戒心地舔舔我的手，并允许我搔搔它的身子，之后便将尾巴卷成高贵的圆圈状再一次趴下去。我至今仍记得当时我是怎么想的："上帝总是让你做出选择。"我选择了那条狗。

当它明白我决定要它之后高兴得发狂，活蹦乱跳，并垂直地沿抛物线跳起来亲吻我的脸。为了把它带回家去，我只得像抱婴儿那样抱着它。对狗来说，这是个很不舒服的姿势，可它却没有反抗。

我给这条狗取名叫"伊丽莎白"。它身高大约30英寸，褐色眼球，红色的舌头，尾巴毛茸茸的丰满而厚实，一身中国瓷器般纯白的毛蓬松而有光泽。夏天，它脱毛脱得厉害；到了冬天则更加糟糕，我所有的衣物和家具上都覆盖着一层形似亚麻的白毛。

至于它的个性，我所能说的是上帝造它的时候忘了赋予它恶毒、狡诈和攻击欲。如果另一条狗向它进犯，它会立即仰面朝天地滚倒在地上，以自己的柔软腹部示敌。实际上它一生中从未被任何动物伤害过。

伊丽莎白并不十分聪明，但"它是世界上最温柔的狗"。我的一位朋友这样说。我和它常常一边吃饼干一边看电视，我想再没有谁比它更适合做我的

同室伴侣了。

　　不久我的住处就成了狗窝，可我觉得那样很好。它吃空了的狗食罐头盒和我吃剩的意大利包子冷冷地散落在房间各处。一长条一长条的毛纸挂得到处都是，因为当它觉得无聊的时候喜欢玩这些纸——把它们抻出来，再把它们弹到别的什么地方。它钻进塑料垃圾袋里，把里面的垃圾弄得四散飞扬。它一刻也不让自己闲着。

　　在我结婚后的一段时间里，伊丽莎白是我们唯一的孩子。它从我们那里得到了很多的爱。当我们散完步回家之后，我把它的项圈解开让它沿着大楼走廊跑向我们那套三居室的公寓。它像只发疯的猎犬一阵风似的刮过走廊。我们去海边，它就在海滩上自由自在地奔跑，追赶着大海的波浪。一次我将一只烤鸡用锡箔纸包着放在了厨房的柜台上。然而两个小时以后，剩下的就只是一小片锡箔纸和地上的点点油渍了。我监视了它好几天，满以为它定会露出马脚，因为它一贯疏于心计。可事实上没有任何迹象显示出是它偷吃了鸡。它真是个不可战胜的对手。

　　伊丽莎白宽厚谦和的美德迎接了我两个孩子的出生，即使他们拽它的眉毛，尖叫着扑倒在它身上又抱又亲时它也从不恼怒。

　　那年的一个早晨，伊丽莎白无法从床上爬起来了。我带它去看兽医，兽医说它的脾肿大。最后我们终于治愈了它的病，这是我花得最值得的一笔钱。当它在医院里休养时，我两岁的儿子终于拼凑着说出第一句完整的话："我想伊丽莎白。"然后他便哭了起来。

　　但是，伊丽莎白毕竟14岁了，走路常常跌倒。到了它一天要跌倒5次的时候，兽医对我说："你有必要考虑一下它这样活着是否还有意义。"望着神志已游离于冥冥世界之外的伊丽莎白，14年与之朝夕相依的时乐重新浮现在眼前。我抱起它，走进兽医的工作室。我的这位兽医是个很不错的小伙子。"第一针会使它安详地睡着"，他说，"接着第二针就能让他安息了。"几分钟后，兽医说："它已经安息了。"我忍不住失声痛哭起来。

　　伊丽莎白的遗体躺在那里，身上的绒毛依然闪闪发亮，鼻子还是那样湿润，舌头就像我第一天见到它那样垂到嘴巴外边。可是它却永远地去了。

　　永别了，伊丽莎白，世上最美的姑娘。

（佚名）

风轻轻吹

生活和工作压力，是否让你忽略了家人和生活的美好事物。

男孩侧着头，凝神聆听着风的声音。他的眼睛睁得大大的，调皮的小舌头在嘴边露出红红的一点。他十分轻微地点点头，仿佛同意风儿的话。风在向他讲述这些天里的许多事情。

黄昏降临了，橘红色的夕阳给男孩的脸涂上一层金色的光辉。公园里的人几乎都走了。秋叶在晚霞的映衬下，如火在燃烧般壮观。池塘看上去宛若一泓金池。有两只鸭子摇摇晃晃地走向池塘，扑入水中。它们驶过涟漪荡漾的水面，俨然是公海上的两只金色的帆船。

男孩坐在公园的长椅上，两条腿快乐地来回荡着。他不知道爸爸是否也听到了风的声音，于是扭头看看自己的身边。

父亲的脸上没有光辉，眼睛没有看到池塘，耳朵也听不到风的声音。他正注视着手提电脑那闪烁的屏幕，脑子吃力地思考着屏幕上的数字。他皱着眉，双唇紧紧抿成一条线。他烦躁地看一眼腕上的手表。还有一小时，他就可以将男孩送回前妻那儿了。他原先一直很愿意带儿子出游，但后来，妻子离开他了，生意也愈发难做。现在，他只能在前妻同意的情况下带儿子出来，而她却总在他最不方便的时候允许儿子见他。下周就要开董事会了，这些材料必须准备好。

男孩用力拽拽父亲的衣袖。

"干吗?"父亲只是点点头，眼睛没有离开屏幕。

"你听到风儿说话了吗?"男孩悄悄地问。

父亲摇摇头，没注意儿子在问什么，手指继续敲击键盘。

太阳的光芒愈发灿烂，整个池塘在闪烁，如同溶化了的铁水。池中的鸭

就像刚从神话世界回来似的美丽而神圣。一只小麻雀从树上掠过，飞到池塘的一边，伸出尖尖的小嘴喝水。它看到了男孩，晃晃头打招呼。男孩高兴地笑了，微风抚爱着他的脸，拨弄着他长长的睫毛。

"爸爸？"

父亲叹了口气，注意力从屏幕上移开。他习惯了屏幕的阴暗，金光让他感到刺眼。过了一会儿，他转向男孩。

"什么事？"语气颇不耐烦。

"我问你听到风儿说的话没有。"男孩咬着嘴唇。

"啊？"

"风，"男孩加重了语气，"风在说话。"

"没有，她没对我说。"

"不对，她对谁都说。"

父亲有些尴尬地关上电脑，伸手捋捋男孩的头发，疲惫地笑着说："是吗？那她说了些什么？"

男孩靠着椅背，两手抱着双膝，脚上的袜子一只裹着小腿肚，另一只落到脚踝处。

"她说你错过了看落日。"

"噢，是的。"父亲舒展了一下疲惫的双臂。他听到脖子上的关节嘎吱作响。"我没听到她说话，我在工作。"

男孩笑了。"对，风儿是这样说的，她说你太忙了，都感觉不到时间了。"

"孩子，爸爸工作是为了挣钱。"

"为什么要挣钱？"

"钱可以买食物，买衣服，买住的房子，还可以做许多许多事情，比如请新教练，比如买冰淇淋。"

"那么，我长大后也要挣钱吗？"

"是的，有了钱你就可以拥有所有的好东西。"

"那，我也得像你一样带着电脑，整天盯着屏幕吗？"

父亲顿了一下。"也许吧。"

"那我就听不到风说话，也看不到落日了。"

"你可以在假期里听风说话嘛。"

"可我想天天听。"

"那你就必须挣很多很多钱。"

"为什么？"男孩问，"看落日也要花钱吗？"

父亲沉默了几分钟，他的手无意识地摸了男孩的头。他看到了金色的池塘，看到了池塘中的鸭子；他感觉到风儿吹拂着他的脸颊。

"不，"父亲说，"不必花钱。但所有人都得挣钱。有时，我们会很忙、很累；有时，我们会没时间仰望天空。"

男孩还是不明白。"为什么？看看天空又不用花钱，而且也不用花很长时间。"

天渐渐黑了，在天的尽头出现一抹深红色，转瞬便消失，夜幕降临了。星星开始闪烁，一弯金黄色的月牙高悬在上空；树叶在风中沙沙作响，像在低声说着什么。

父亲决定不再辩论了。孩子，你还太小，不明白生活，父亲在心里说。

"我想你是对的。"父亲让了一步。

男孩灿烂地一笑，抓住父亲的手。"那么爸爸，你肯和我一块儿听风说话了？"

"是的。"

两人静静地坐着。风儿变凉了，吹在身上有些冷。但她吹走了父亲脸上的疲惫——他的眉头舒展了，他的眼睛变亮了。

"你知道吗？风会讲一百万种语言。"男孩刚学会"一百万"这个词，所以他总喜欢用。

"是吗？"

"是啊，她吹过每个地方，要跟每个人交谈，所以她必须懂一百万种语言。"

"那她一定很聪明。"

"她是很聪明。她给我讲故事。有时，在晚上睡不着觉的时候，我会打开窗让她进来。她告诉我各个地方、各种人的事，她给我讲沙漠和海洋、冰山和岛屿。"

"真不错。不过，你读的书是不是太多了？别老陷在书堆里。"父亲开始为男孩担忧。

男孩笑着："不，爸爸，我没老是陷在里面。"

天已经很黑了，千万颗星星在闪光。

"我们该走了，你妈妈在等你呢。"

他们起身走出公园。男孩想，鸭子夜里在哪儿睡觉？他决定待会儿问问风。

在母亲的住所前，男孩亲了亲父亲，父亲答应下个周末再来看他。

父亲回到家，换上休闲服。他给自己倒了杯咖啡，打开电脑，坐在了桌前，十指熟练地击着键盘，屏幕上的字开始跳跃。

他感到头痛，于是去开窗。窗户已经很久没打开过了，满是灰尘和锈垢。他使劲一推，窗开了。

屋顶上空荡荡的，窗户玻璃反射着邻家的电视屏幕，他听到电视中有人在笑，有人在叹息。

四周没有风，他闻到空气中有香水味、汗味和烟味。

他想起了男孩说的话。是啊，从什么时候开始，他不再仰望天空，不再闻得到空气中海的咸味了呢？

他抬起头，祈祷风会再来。风真的来了，先是微微的，逐渐强烈起来。他闻到了海，闻到了灌木丛；他闻到越过荒野的沙漠风暴，他闻到漂浮在深海中的冰山。

他用力吸着气，清新的空气滋润着他的肺。他记起了许多事，他记起小时候对世界的疑问和好奇。他的记忆色彩缤纷，明媚亮丽。

他回到桌前，关上电脑。他将椅子拖到窗前，坐了下来，将双脚放在窗台上。

他闭上眼睛，想着儿子。风儿阵阵，从窗前吹过。

"很久很久以前……"风儿甜蜜温柔的声音向他讲述。多么熟悉啊，他被带回到童年的时光、童年的地方。

男孩在另一个地方，倾听着风的故事。他知道父亲在和他一起听，风儿已经告诉他了。

月光下，男孩仰着头，脸上有一层柔柔的银光。

（佚名）

无价的珍珠

人有时缺少的不是能力，而是信心。

那是我中学毕业前夕，我们20位毕业生，被召集起来开会。

我们的科学老师约克先生过早地秃了头，不过，他的蝴蝶领结配上他那副有角质架的眼镜就显得富有个性了。他递给我们每人一只用缎带系着的白色小盒。

"在你们的盒里，"他说道，"你将可看到镶有小粒珍珠的手镯或领夹，那珍珠意味着你们的潜能，这个世界是牡蛎，你们犹如放入牡蛎中的一粒籽，能长成一颗无价的珍珠，所以，你们每个人都拥有一颗伟大的种子！"

我依稀记得从我懂事起，母亲就每星期从她杂货店挣得的钱中留下几块美元供我和姐姐玛丽安娜将来上大学用。

我中学毕业后和丹结婚了，丹大学毕业时，我们有了第二个孩子，沉重的家庭担子使丹放弃了自己的事业，参了军。我们过着极不稳定的生活，我凝视着手腕上的小珍珠，想不出我有什么"伟大"的潜能，最后，我把手镯塞进了抽屉。

过了10年接连不断的搬迁生活，丹终于找到了一份文职工作，最小的孩子也上学了。我开始投身于儿童剧院，合唱团，弹奏风琴，帮助那些因病或有事而闲居家中的人做好事。我还做过百货公司的营业员、花店管理员、心肺健身法教员，甚至邮递员。

我忙极了，我帮助别人，又为自己增加了收入。不过，我会打开抽屉，看着手镯沉思：我做的哪一件事会像约克先生对那颗小"种子"所寄予希望的那样？

晚上，我在床上翻来覆去不能入睡，昔日上大学的目标时时在我脑中萦回。但我已经是35岁了！已有17年没有参加过考试了。

我母亲大概猜出了我的心思，一天下午我们通电话时她说："马西娅，还记得为了想让你上大学而存蓄的那笔钱吗？它还在呢！"

我拿着话筒发愣，我决心要实现母亲的梦想。

六个月后，我鼓起勇气，进了附近一所大学。我的能力测试报告指出，我很适合当教师，我简直难以置信，教师是像约克先生那个充满信心的人。然而，我还是注册了教师进修课程。

可是，读到第二学期的期末时，我想退学了。在大学，我要跟比我年轻一半的聪明伶俐的同学展开竞争。到了家里，由于没有人做家务，大家只能吃泡面，屋子里又积满了灰尘。

在我大学一年级五月的一个下午，我上完了一堂特别紧张吃力的课后，噙着泪驱车回家。"上帝啊！"我祈祷，"如果您真的想让我留在大学学习，请给我引路吧。"

说来也巧，几天后我竟在牙诊所碰到约克太太，我告诉她那颗小珍珠怎样激励我重返校园。"但是，功课实在变得太难了，"我抱怨道。

"我很理解你，"她同情地说，"我丈夫也是到了30岁才开始上大学的呢！"

她跟我讲述她丈夫的奋斗经历，我听得入神，我原以为约克先生已执教多年。

那次的巧遇使我坚持读完了以后的三年。

大学毕业时，我已经发觉并领悟了约克先生当年所看到的"潜能"是什么了。我在当地一所中学教英文，我力争把日常生活寓于教学之中，我把教学生广泛阅读报纸、领他们参观工厂、邀请社会名人到学校作报告看得与教、授莎士比亚文学一样重要。

第一学年快要结束时，校长提名授予我首年教学优秀奖，我简直受宠若惊。申请这种奖，本人必须讲出其中的某位老师曾经如何唤起自己执起教鞭的。当然，我叙述了小珍珠的故事。

1990年9月，我荣获"百名教师首年教学优秀奖"，更重要的是约克先生也获得了"教师贡献奖"。当我们两个接受记者的采访时，我才发觉时间竟如此的巧合：约克先生明年就要退休了。

那天，约克先生向记者说，他年轻时缺少自信，是什么促使你回心转意呢？"看到别人信任我。"他说道。

　　突然，我仿佛又看到了在科学教室正在打开白色小盒子的 20 位同学。"那就是我们的共同点，是吗？"我恍然大悟。"那些你赠送珍珠的学生都是你认为缺乏自信的年轻人。"

　　"不，你们都是我认为怀有伟大种子的年轻人。"约克先生回答道。

　　　　　　　　　　　　　　　　　　　　　　（佚名）

第五辑　培养成功心态

　　培养成功的心态，以使你的生命按照自己的意图提供报酬，没有成功的心态就无法成就什么大事。记住，你的心态是你唯一能完全掌握的东西，练习控制你的心态，并且利用成功心态来引导你的行为，坚持下去，你的奋斗就一定能够成功。

梦想是现实之母

仅有梦想还是不够的，还要有实现梦想的毅力和决心。

在人类历史中，假若把梦想者的事迹删除，谁还愿意去读那些枯燥乏味的历史呢？梦想者是人类的先锋，是我们前进的引路人。

你是一个梦想者吗？

使人类的生活更有意义，把很多人从困境中解脱出来的，都应归功于一些梦想者。我们都得感谢人类的梦想者啊！

在人类历史中，假如把梦想者的事迹删去，谁还会去读那些枯燥无味的历史呢？梦想者是人类的先锋，是我们前进的引路人。他们毕生劳碌，不辞艰辛，弯着腰，流着汗，替人类开辟出平坦的大道来。如今的一切，不过是过去各个时代梦想的总和，不过是过去各个时代梦想的现实化。

假如没有梦想者到美洲西部去开辟领地，那么美国人至今还徘徊在大西洋的沿岸。

对于世界最有贡献、最有价值的人，必定是那些目光远大，具有先见之明的梦想者。他们能运用智力和知识，来为人类造福，把那些目光短浅，深受束缚和陷于迷信的人拯救出来。有先见之明的梦想者，还能把常人看来做不到的事情逐个变为现实。有人说，想象力这东西，对于艺术家、音乐家和诗人大有用处，但在实际生活中，它的位置并没有那样的显赫。但事实告诉我们：凡是人类各界的领袖都做过梦想者。无论工业界的巨头、商业的领袖，都是具有伟大的梦想、并持以坚定的信心、付以努力奋斗的人。

马可尼发明无线电，是惊人梦想的实现。这个惊人梦想的实现，使得航行在惊涛骇浪中的船只只要遭受到灾祸，便可利用无线电，发出求救信号，因此拯救千万生灵。

电报在没有被发明之前，也被认为是人类的梦想，但莫尔斯竟使这梦想得以实现了。电报一旦发明，世界各地消息的传递，从此变得是多么的便利。斯蒂芬孙以前是一个贫穷的矿工，但他制造火车机车的梦想也成为了现实，使人类的交通工具大为改观，人类的运输能力也得以空前地提高。

不久以前，勇敢的罗杰斯先生驾着飞机，实现了飞越欧洲大陆的梦想。横跨大西洋的无线电报是费尔特梦想的实现，这使得美欧大陆能够密切联络。

许多功成名就者能够拥有惊人的梦想，部分应归功于英国大文豪莎士比亚，是他教人们从腐朽中发现神奇，从平常中找到非常之事。

人类所具有的种种力量中，最神奇的莫过于有梦想的能力。假如我们相信明天更美好，就不必计较今天所受的痛苦。有伟大梦想的人，就是阻以铜墙铁壁，也不能挡住他前进的脚步。

一个人假如有能力从烦恼、痛苦、困难的环境，转移到愉快、舒适、甜蜜的境地，那么这种能力，就是真正的无价之宝。如果我们在生命中失去了梦想的能力，那么谁还能以坚定的信念、充分的希望、十足的勇敢，去继续奋斗呢？

美国人尤其喜欢梦想。不论多么苦难不幸、穷困潦倒，他们都不屈从命运，始终相信好的日子就在后面。不少商店里的学徒，都幻想着自己开店铺；工作中的女工，幻想着建一个美好的家庭；出身卑微的人，幻想着掌握大权。人只有具有了这些幻梦，才可能有远大的希望，才会激发人们内在的智能，增强人们的努力，以求得光明的前途。

仅有梦想还是不够的，有了梦想，同时还需要实现梦想的坚强毅力和决心。如果徒有梦想，而不能拿出力量来实现愿望，这也是不足取的。只有那实际的梦想——梦想的同时辅之以艰苦的劳作、不断的努力，那梦想才有巨大的价值。

像别的能力一样，梦想的能力也可以被滥用或误用。假如一个人整天除了梦想以外不做别的事情，他们把全部的生命力，花费在建造那无法实现的空中楼阁，那就会祸害无穷。那些梦想不仅劳人心思，而且耗费了那些不切实际梦想者固有的天赋与才能。

要把梦想变成事实，需靠我们自己的努力。有了梦想以后，只有付以不懈的努力，才可使梦想实现。

在所有的梦想中，造福人类的梦想最有价值。约翰·哈佛用几百元钱创办了哈佛学院，就是后来世界闻名的哈佛大学，这是一个最好的例子。

人不光要有梦想，还要信仰梦想，更要激励自己去实现梦想。人人具有向上的志向，志向就会像一枚指南针，引导人们走上光明之路。良好的幻梦，就是未来人生道路美满成功的预示。

人们心中的希望，与理想梦幻相比，经常更有价值。希望经常是将来真实的预言，更是人们做事的指导，希望可以衡量人们目标的高低，效能的多寡。

有许多人容许自己的希望慢慢地淡漠下去，这是由于他们不懂得，坚持着自己的希望就能增加自己的力量，就能实现自己的梦想。

希望具有鼓舞人心的创造性力量，她鼓励人们去尽力完成自己所要从事的事业。希望是才能的增补剂，能增加人们的才干，使一切幻梦化为现实。

大自然是个公平的交易员，只要你付出相当的代价，你需要什么，她就会支付给你什么。人的思想就像树根一样，遍布在四方，这许多思想的根产生活力，就能带来希望。

假如没有南方，那么候鸟就不会在冬天飞去南方，正是南方给了候鸟希望。造物主给人们以希望，希望他们实现更伟大、更完美的生命；希望他们的人格获得充分的发展；希望他们获得永生。所以，只需努力去干，都有实现愿望的可能。

希望也有合理与不合理之分。所谓合理的希望，并不是那些荒诞不经、超越情理的妄想。对人来说，最珍贵的希望，就是有完善的人格，希望在很长的时间内把才能卓越地发挥出来。

从一个人的希望能够看出他在增加还是减少自己的才能。知道一个人的理想，就能知道那个人的品格、那个人的全部生命，由于理想是足以支配一个人的全部生命的。

在树立希望以后，人的思想和感情便会变得坚定不移。因此，每个人都应有高尚的目标和积极的思想，更需下定决心，绝不允许卑鄙肮脏的东西存在自己的思想里、行动里，无论做什么事，都要向着高尚的目标努力。

积极进取的思想，足以改进人的希望，使人尽量地发挥他的才干，达到最高的境界。积极进取的思想，能够战胜低劣的才能，可以战胜阻碍成功的仇敌。即使看似不可能的事情，只要抱定希望，努力去做，持之以恒，终有成功的一天。希望是事实之母，无论是希望有健康的身体、高尚的品格，还是有巨型的企业，只要方法得当，尽力去做，便有实现的可能。

一个人有希望，再加上坚韧不拔的决心，就能产生创造的能力；一个人有希望，再加上持之以恒的努力，就能达到希望的目的。有了希望，假如没有决心和努力的配合，对希望漠然视之，那么即使再宏大美好的希望也会烟消云散，化为泡影。

人的希望对于造就人生的大厦，工程师的脑海里早有精密的设计：同样，全部事业在没有进行之前，自然要有确定的希望。

为了实现希望而制定的计划，假如不加以切实的努力，那么一切计划都会成为泡影；正如工程师的蓝图打好以后，不兴土木，再好的蓝图也等于废纸一样。

假如你愿意求得生命中某方面的改进，你就应当很热烈地、很坚毅地渴望着那些理想，把这些理想保留在你的心中，何时也不要放松，直到实现为止。

一颗充满希望的心灵，具有着极大的创造力，这种创造力会发展人的才能，实现人的理想。

时常存在着良好的期待，期待着未来前程充满光明与希望：期待着未来我们的美好梦景终能实现，从这中间，能够生出巨大的力量来。

对于我们的生命，最有价值的莫过于在心中怀着一种乐观的期待态度。所谓乐观的期待，就是希冀获得最好、最高、最快乐的事物。

假如对于我们自己的前程，有着良好的期待，这就足以激发我们最大的努力。期待安家立业、安享尊荣：期待在社会上获得重要的地位，出人头地。这种种期待都能督促我们去努力奋斗。

世界上有许多人认为，世上一切舒适繁华的东西、精美的房屋、华丽的衣服以及旅行娱乐等等，不是为他们预备的，而是为其他人预备的。他们相信这种种幸福，不属于他们所有，而是属于另外阶层的人所有，原来他们自己认为属于低等的阶层，属于没有希望的阶层。试问，一个人有了这样的自卑观念后，还怎能得到美好的享受呢？

假如一个人不想得到美好的享受，志趣卑微，自甘低下，对于自己也没有过高的期待，总是认为这世间的种种幸福并非为自己预备着的，那么这种人自然就永远不会有出息。

我们期待什么，便得到什么，人应该努力期待：假如我们什么都不期待，自然就一无所得。安于贫贱的人，自然不会过上富裕的生活。

有了成功的期待，心中却常抱着怀疑的态度，常怀疑自己能力的不足。心中常对失败有多种预期，这真是所谓南辕北辙！只有诚心期待成功的人，才能成功。所以，做一个人必须有积极的、创造的、建设的、发明的思想，而乐观的思想也尤为重要。

有的人一方面努力这样做，而同时又那样想，最终就只有失败。假如你渴望得到昌盛富裕，而同时却怀着预期贫贱的精神态度，那么你永远不会走入昌盛富裕的大门。

有很多人虽然努力做事，但常常一事无成，原因在于他们的精神态度不与其实际努力相应和——当他们从事这种工作的时候，又在希冀着其他工作。

他们所抱有的错误态度，会在无形中把他们所真正渴求的东西驱逐掉。不抱有成功的期待，这是使期待无法实现的巨大障碍。每个人都应该牢记这句格言："灵魂期待什么，就能做成什么。"

恐惧心理常常减少人的生气，恐惧有着极大的势力，会使生命的源泉干涸。由恐惧心理所支配的生活，凡事不会成功。只有远大的希望、深切的信仰，才能医治人的懦弱，改善人的习惯和品性。期待将来有美好的享受，期待获得健康和快乐，期待在社会上有地位。这各种期待，都是成功的资本，都有助于促成一个人的成功。

诸多成功者都有着乐观期待的习惯。不论目前所遭遇的境地是怎样的惨淡黑暗，他们对于自己的信仰、对于"最后之胜利"都坚定不移。这种乐观的期待心理会生出一种神秘的力量，以使他们达到愿望的目的。

期待会使人们的潜能充分地发挥出来，期待会唤醒我们隐伏的力量。而这种力量如若没有大的期待，没有迫切的唤醒，是会长久被埋没的。

每个人都应当坚信自己所期待的事情能够实现，千万不能有所怀疑。要把任何怀疑的思想都驱逐掉，而化之以必胜的信念。在乐观的期待中，要有坚定的信仰：假如有坚定的信仰，努力向上，必定会有美满的成功。

（佚名）

不要去看远处的东西

生命只在今天，不要为明天忧虑。

英国有一位年轻的医科毕业生威廉·奥斯勒爵士，在面临毕业时，他的成绩并不差，但他整天愁云满面，想着如何才能通过毕业考试以及明天要做什么事情，毕业后要到哪里去找工作，工作如果不称心怎么办，怎样才能维持生活……这些问题都像蛛丝一样缠绕着他，使他充满了忧虑。他想了许多办法，都没有摆脱这些困扰。有一天，他在书上读到了一句话：不要去看远处模糊的东西，而要动手做眼前清楚的事情。自从看到这句话后，他彻底改变了自己的人生，脱离了那种虚无缥缈的苦海，脚踏实地，一步步开始了创业历程。最后，他成为了英国著名的医学家，创建了举世闻名的约翰·霍普金斯医学院，还被牛津大学聘为客座教授，这是英国医学界的最高荣誉。

　　也许，威廉·奥斯勒爵士开始的那种心境我们大家都经历过。实际上，在生活中，我们常会不自觉地给自己戴上望远镜，盯着时隐时现的地方，制定着长期发展的宏伟目标。这使我们只看到很远的地方，而看不到眼前的景色。这就使得我们拼命地追赶，却总也达不到目标，甚至好高骛远。也许实际上，我们已实现了当初自己制定的目标，但我们在望远镜里看到的永远是下一个目标。我们不停地努力着，却永远也赶不上前面的风景。为此，我们感到沮丧，感到理想离自己越来越远，感叹人生非常艰难。当有一天有所感悟，摘下强加给自己的望远镜，不用拼命地去不停地追赶的时候，才发现自己已经走过了一个又一个想去且能去的地方，而每一个被自己忽视过的地方都阳光明媚，鸟语花香——这才是真正的遗憾。

　　有一个美国年轻人，小时卖过报纸，做过杂货店伙计，还当过图书馆管理员，日子过得很紧。几年后，他下定决心，要用50美元开创出一片基业来。一年后，他果真有了几万美元。当他雄心勃勃准备大干一场时，他存钱的那家银行一夜之间破产倒闭，他也随之一贫如洗，还欠了2万美元的外债。万念俱灰的他，得了一种奇怪的病，全身溃烂，医生说他的生命只有3周的时间了。绝望的他只好写了遗嘱，准备一死了之。就在这时，他也突然看到了一句话，他幡然醒悟，立即调整了心态，抛开忧虑和恐惧，安心休养，身体慢慢得到恢复，还能拄着拐杖走路了。后来不仅没有死，反而有精力工作了。几年后，他成了一家大公司的董事长，开始雄霸纽约股票市场。他，就是大名鼎鼎的爱德华?伊文斯。他看到的那句话是：生命就在你的生活里，就在今天的每时每刻中。

　　其实，两个人看到的两句话，我们可以概括成一句：生命只在今天，不要为明天忧虑。

　　是的，人的欲望是永无止境的，但不要给自己戴上望远镜，不要给自己制定永远无法达到的目标，最主要的是欣赏自己眼前的每一点进步，享受每一天的阳光。

（佚名）

不去羡慕别人的生活

生活中常常打扰我们、让我们感到不安的，往往并不是我们自己，而是别人的生活和别人的模式。

萨依特曾是埃及的一位政府高官，34 岁就做了副市长，可谓前程一片灿烂。可惜，就在他飞黄腾达的时候，他主管的城市却发生了一场火灾，于是他被免职。那年他 37 岁。离官退位后，萨依特的周围依然是一些显赫的人士，富翁，高官，大财团的董事长……大家都为萨依特惋惜，认为他会非常痛苦，最少也要来找他们帮忙。谁想，萨依特却回到乡村，过起了平民百姓的生活。

他在自家的小菜园上种菜，施肥，捉虫，生活过得平淡而有滋味。没事的时候，他就走村串巷，收集一些民间陶器作为自己的爱好。生活中，他从不理会别人的富贵，更不去羡慕别人的日子，我行我素地过着自己的简朴岁月：

由于他的知识和才能，很快就在收藏上有了很大造诣。七八年过去，他竟然收集到了几十件世界顶级的民间珍宝。前来买卖的人蜂拥而全，萨依特每卖出一件，都在上千万美元。

有人问萨依特，你怎么会在收藏上有这么大的成就。萨依特说，因为我过得十分简单，从不盲从地去羡慕别人，清静的生活让我可以一心一意地鉴别陶器。

不去羡慕别人的生活，这使萨依特不但摆脱了烦恼，也把收藏做到了罕见的顶端，成为世界级收藏大师。

22 岁的美国华裔数学家王章程，毕业于美国加州大学。毕业后，他的同学多数都去了大财团、大公司，只有王章程一头扎进了加州一家私人研究室，一干就是 10 年。10 年中，他的生活收入非常低廉，30 岁了还买不起房子。而他的同学们已经是月收入几十万、上百万元的大老板。他们开着高档车子，住着大房子，带着漂亮的妻子，而王章程连女朋友都没有。好在他从来不羡慕别人，只对自己的事业感兴趣。虽然他的生活比别人差了几个等级，但他本人似乎全然不知。在外人看来，王章程的生活是世界上最糟的一种。

王章程却不管这些，10 年中他默默无闻，如饥似渴地做着自己的研究。在他 35 岁的时候，他攻克了世界上两项顶尖级数学难题，从此成果迭现，美国十几家大学先后聘请他前去任教。多少年过去，在世界数学界，他被称为数学之王。

非洲黑人哈利默父子，一直过着贫寒的生活，在长达 8 年的时间里，他一心一意地练习长跑，父亲哈利默是儿子的教练。8 年中，父子俩从来没有理会过别人怎么生活，对于和别人生活上的差距，父子俩从来都是视而不见。正是因此，两人每天都过着快乐的日子。不去和别人比较，你的生活自然就会快乐。8 年后，小哈利默的长跑速度有了惊人的长进，他一路过关斩将，先是夺得非洲长跑冠军，后又在世界锦标赛上夺冠。父子俩把这一切归功于对外界的淡漠。在总结生活的发言中，小哈利默说，这些年，我和父亲从来没有理会过别人的生活是怎样优越的，我们更不会去羡慕别人。正因为如此，我们才能做好自己的事，才不会因为与别人的生活差距而让我们陷入不幸的烦恼。

包维尔自小就十分喜欢摄影，大学毕业后，他对摄影到了痴迷的程度，无心去挣钱工作。从此包维尔过着简单的生活，从不理会自己的生活是富有还是贫穷，只要能够摄影也就够了。他穿着破裤子，吃着最简单的汉堡包。在别人眼里，他是困苦贫穷的象征。而包维尔自己却过得异常快乐。在他 27 岁时，他的人物摄影技术开始登峰造极，成为世界公认的人物摄影大师，并为英国首相拍摄人物照，从此一发而不可收。至今为全世界一百多位总统、首相拍过人物摄影。请他摄影的世界名流更是数不胜数，排队等候一两年是常事。包维尔是一个真正的世界顶尖级摄影大师。

正因为他从来不羡慕别人的生活，才会生活在自己的天地里，才能不受外界的干扰干自己的事，也才能取得如此的成就。生活中常常打扰我们、让我们感到不安的，往往并不是我们自己，而是别人的生活和别人的模式。

　　总是羡慕别人的生活，就会给自己造成混乱和迷茫，甚至使自己不得安宁。羡慕别人的代价，常常是失去自己。不去羡慕别人，你的日子就会变得悠然平静，从容不迫。不去羡慕。

（佚名）

奔跑的力量

　　　　母爱是世界上最伟大的爱。

　　黑马！又见黑马！

　　当她第一个冲过终点线时，整个赛场沸腾了。不可思议，在高手如云的国际马拉松比赛中，冠军竟然是个训练仅一年的业余选手！

　　27岁的切默季尔，肯尼亚的一名农妇，因此一举成名。

　　切默季尔的全家都住在山区，她的丈夫是个老实巴交的庄稼汉，除了种地一无所长。一年前，切默季尔还一筹莫展，为无法给四个孩子供给学费暗自伤心。丈夫抽着闷烟安慰她："谁叫孩子生在咱穷人家，认命吧！"

　　如果孩子们不上学，只能继续穷人的命运！难道只能认命？她不甘心。

　　当地盛行长跑运动，名将辈出，若是取得好名次，会有不菲的奖金。她还是少女时，曾被教练相中，但因种种原因未果。此刻，她脑中灵光一闪：不如去练习马拉松！

　　马拉松是一项极限运动，坚强的意志和优秀的身体素质缺一不可。她已近27岁，没有足够的营养供给，从未受过专业基础训练，凭什么取胜？冷静之后，她也胆怯过，可是除此之外别无他途。如果连做梦的勇气都没有，那永无改变的可能。

丈夫最后也同意了她大胆的"创意"。第二天凌晨，天还黑着，她就跑上崎岖的山路。只跑了几百米，她的双腿就像灌了铅一般。停下喘口气，她接着再跑。与其说是用腿在跑，不如说是用意志在跑。跑了几天，脚上磨出无数的血泡。她也想打退堂鼓，可回家一看到嚷着要读书的孩子。她又为自己的懦弱感到羞愧。不能退缩！她清醒地知道，这是唯一的一线希望！

训练强度逐渐增加，但她的营养远远跟不上。有一天，日上竿头，她仍然没有回家，丈夫担心出事，赶紧出门寻找，终于在山路上发现了昏倒在地的妻子。他把妻子背回家里，孩子们全部围了上来，大儿子哭着说："妈妈，不要再跑了，我不上学了！"她握着儿子的小手，泪水像断线的珠子般涌出，一言不发。次日一早，她又独自一人，跑在了寂静的山路上。

经过近一年的艰苦训练，切默季尔第一次参加国内马拉松比赛，获得了第七名的好成绩，开始崭露头角。

有位教练被她的执著深深感动，自愿给她指导，她的成绩更加突飞猛进。

终于，切默季尔迎来了内罗毕国际马拉松比赛。为了筹集路费，丈夫把家里仅有的几头牲口都卖了，这可是家里的全部财富……发令枪响后，切默季尔一马当先跑在队伍前列，这是异常危险的举动，时间一长可能会体力不支，甚至无法完成比赛。但为了孩子，为了家庭，她豁出去了。

或许上天也被切默季尔的真诚所感动。她一路跑来，有如神助，2小时39分零9秒之后，她第一个跃过终点线。那一刻，她忘了向观众致敬，趴在赛道上泪流满面，疯狂地亲吻着大地。

突然冒出的黑马，让解说员不知所措，手忙脚乱，忙活了好半天才找齐她的资料。

颁奖仪式上，有体育记者问她："您是个业余选手，而且年龄处于绝对劣势，我们都想知道，究竟是什么力量让您战胜众多职业高手，夺得冠军？"

"因为我非常渴望那7000英镑的冠军奖金！"此言一出，场下一片哗然。她的话太不合时宜，有悖于体育精神。切默季尔抹去泪水，哽咽着继续说："有了这笔奖金，我的四个孩子就有钱上学了，我要让他们接受最好的教育，还要把大儿子送到寄宿学校去。"喧闹的运动场忽然寂静，人们这才明白，原来，孩子才是她奔跑的力量。瞬间，场下响起雷鸣般的掌声，那是人们对冠军最衷心的祝贺，也是对母亲最诚挚的祝福。

（佚名）

对自己说"不要紧"

"我有句三字箴言要奉送各位，它对你们的教学和生活都会大有帮助，而且是可使人心境平和的灵方，这三个字就是：'不要紧'。"

有一次，一位高明的教育学教授在我们班上说："我有句三字箴言要奉送各位，它对你们的教学和生活都会大有帮助，而且是可使人心境平和的灵方，这三个字就是：'不要紧'。"

我领会到他那句三字箴言所蕴含的智慧，由于我容易感到受挫折，于是我便在笔记簿上端端正正地写了"不要紧"三个大字。我决定不让挫折感和失望破坏我的平和心情。

后来，我的新态度遭受了考验。我爱上了英俊潇洒的杰克生。他对我很要紧，我确信他是我的白马王子。

可是有一天晚上，他温柔婉转地对我说，他只把我当作普通朋友。我以他为中心的构想世界当下就土崩瓦解了。那天夜里我在卧室里哭泣时，觉得记事簿上的"不要紧"那三个字看来简直荒唐。

"要紧得很，"我喃喃地说，"我爱他，没有他我就不能活。"

但翌日早上我醒来再看到这三个字之后，我就开始分析自己的情况：到底有多要紧？杰克生很要紧，我很要紧，我们的快乐也很要紧；但我会希望和一个不爱我的人结婚吗？

日子一天天过去，我发现没有杰克生我也可以生活。我仍然能快乐，将来肯定有另一个人进入我的生活。即使没有，我也仍然能快乐。我能控制我的情绪。

几年后，一个更适合我的人真的来了。在兴奋地筹备结婚的时候，我把"不要紧"这三个字抛到九霄云外。我不再需要这三个字了，我以后将永远快乐。我的生命中不会再有挫折和失望。

年轻人多天真啊！结婚生活和生儿育女不会有挫折和失望？这当然不可能。有一天，我的丈夫和我得到一个坏消息：我们曾把我们的积蓄投资做生意，但这笔钱赔掉了。

丈夫把信念给我听之后，我看到他双手捧着额头。我感到一阵凄酸，胃像扭作一团似的难受。我想起那句三字箴言："不要紧"。我心里想："真的，这一次可真的是要紧！"

可是就在这个时候，小儿子用力敲打他的积木的声音转移了我的注意力。他看见我看着他，就停止了敲击，对我笑着，那副笑容真是无价之宝。我把视线越过他的头望出窗外，两个女儿正在兴高采烈地合力堆沙堡。在她们的后面，在我家院子外面，几株槭树映衬着无边无际的晴朗碧空。我觉得我的胃顿时舒展，心情恢复平和。不久，我还感到自己的微笑。于是我对丈夫说："一切都会好转的，损失的只是金钱，这并不要紧。"

人生在世，有许多事情是要紧的。我们的价值和我们的荣誉是要紧的。可是也有许多使我们的平和心情和快乐受到威胁的事情，实际上是不要紧的，或者不像我们所想象的那样要紧。要是我能永远记住这一点，多好！

（佚名）

沉默是金

　　"沉默并不意味退缩，而是表示尊重。那即是说：'我在这里等着你，但不会碍你的事。'"

　　美国新泽西州一家印刷公司的老板知道另一公司想买下他的一部旧印刷机后十分高兴。他仔细计算后，把卖价定为 250 万美元，还想好了怎样谈这笔生意。

　　他坐下来和对方洽谈时，心里有一个声音叫他："先等一等。"对方很快就打破缄默，滔滔不绝地指出那部机器的好坏。他则一句话都不说。然后对方说："我们给你 350 万美元，一分钱也不能再多。"不到一小时，生意谈妥了。

　　日常与人往来时，"闭嘴"可以使你得到好处。有时候还可以免掉自讨苦吃之虞。比方我的朋友班，他和我们很多人一样，在不知如何是好或是要表示客气礼貌时，有时信口说出一些日后会后悔不已的话来，班的新嫂子第一次请他在家吃饭，做了个番茄肉冻。那是他讨厌吃的，但为了恭维嫂子，他大加赞赏说："真好吃！"嫂子听了好得意，记在心里。于是，以后 15 年班每次到她家去，她都不忘飨以番茄肉冻！

　　有时不假思索说出的话，无论怎样言之无意，都可能引起严重后果。一天深夜，赫罗德夫妇在他们住的公寓大厦里碰见邻居的一位太太。他虽然惊讶，但为了表示亲善便说道："听说你们有喜事！"跟着是一阵难堪的沉默。后来他的妻子提醒他，那位邻居不久前曾经小产。赫罗德说："现在我即使一时惊诧不知所措，也会先数十下才开口。"

　　懂得在什么时候不开口，不单明智，而且有实际好处。律师都讲过这样一个故事：有个人被控在打架中咬掉对方的耳朵，辩方律师花了整个早上盘问控方的主要证人后，以为自己已把证人的供词驳得体无完肤，忍不住再作最后一击。

"你已承认当时并不十分接近现场，也没有看到我的当事人咬掉对方的耳朵。你怎么能指证他？"辩方律师质问。

证人踌躇片刻，然后微笑道："我看到他吐出耳朵！"

诚如有人说过的"历来很少有人因为不开口而后悔。"

丈夫在我们的第一个孩子出世时，工作压力非常沉重，对我和宝宝都疏于照顾。两三个星期后，情况依然如此，我心疲力竭，恨不得立刻把闷气发出来。

一天，我写了封大动肝火的信给他，后来不知怎样把信搁在一旁。次日丈夫主动替宝宝换尿布，并说："我想这该是我学习做这些工作的时候了。"

我始终没发现是什么令他改变态度的，不过我很欣慰地把信撕掉了。嗣后他对我好极了。

等待是人们在日常生活中往往忽略了的策略。有时，缄口沉默一会儿，会产生不可思议的神奇效果。

母亲回忆她在圣诞节后大减价时陪友人玛莉安到商店去退礼物的事。当时店内人头攒动，情况一片忙乱。玛莉安要求退钱，但忙得团团转的店员说衣服是不能退的，跟着转身招呼另一位顾客。玛莉安便把那件衣服丢在收银机旁，一声不响地等着。

10分钟后，店员回来了，在收银机前忙碌工作。玛莉安只是微笑，继续等候。就这样又静静地过了数分钟后跟着店员一语不发拿起那件衣服走开。大概三分钟后，她回来了，手上拿着钱！有礼貌地耐心等待使玛莉安如愿以偿。她要是大声唠叨不休，很可能不会达到目的。

当然，有时候千万不要不开口，例如在主持正义、安慰朋友、解释误会的时候。在那些时刻，我们都必须开口，不过要措词恰当。同样，思量一下也能使你的话更精确、更有力。

米雪是我的大学同学，从小就受教友会教徒式的养育，但她的祖父母却是犹太人，在大战时死于纳粹集中营内。去年，她的朋友不知道米雪的犹太背景，发牢骚说他们的儿子和犹太女子结了婚，他们拒绝跟新媳妇见面，令儿子日子不好过。米雪虽然很珍惜彼此的友谊，但很讨厌那种过份的偏

见，权衡二者的轻重后，决定讲出她的心头话。"我对自己的家庭传统引以为傲。你们有那样的感受我很难过，"她对他们说，"你们的意见令我很不高兴。"

那对夫妇亦为之惊怔，立即向她道歉，并把她说的话记在心里。不久，他俩便与媳妇和好了。

米雪说这些话之前曾经仔细思量过话的效果，然后才把话率直坦白地说了出来，结果是增进了彼此的了解。你决定是否开口以前，必须记住的一项最重要原则是：先问问自己，你所说的话能不能改善情况或关系。

研究对话节奏的学者发觉，在我们与人对话和交往时，轮流发言是非常重要的。"沉默可以控制聆听与说话的节奏，"洛杉矶加州大学心理学教授古德曼说，"与人交谈时沉默的作用如同数学里的零，虽无表面价值，但极其重要。没有沉默就沟通不成"。

你感到愤怒和焦虑，想插嘴的时候，不妨呷一口茶或特意叉起双手，然后微笑。你会发现这些简单动作能帮助你控制大局。

《要怎样说话孩子才会听，要怎样聆听孩子才会说话》的作者之一法布尔讲起一位母亲如何成功运用不开口的战术把8岁儿子乔纳森哄上床睡觉。

一天晚上，乔纳森一如往常地从床上走下来，对母亲说："妈，我睡不着！"

噢，你睡不着吗？唔……"他妈妈答道。她停下来，以同情的眼光看着他，并且等着。整整一分钟，彼此都不说话。

最后乔纳森说："我想要是换上我喜爱的那套睡衣，我会比较容易入睡。"跟着他便回床睡觉去了。

让你所爱的人感受痛苦、挫折或愤怒而袖手旁观不是一件容易的事。你想替他们解决问题，而不让他们自己找出解决的方法。

法布尔的十几岁女儿乔安娜有一天放学回家，神情烦恼。法布尔说："乔安娜，发生事情了？"她女儿却哭起来。"我们坐在沙发上，她在我怀里不断啜泣，"法布尔回忆说，"10分钟之后，她深深吸了口气，看着我，又

叹了一口气。'谢谢你，妈'她说，然后站起来走开了。"

法布尔始终不知道发生了什么事。乔安娜当时最想得到的是有人充满爱心地紧紧拥抱着她，然后她便会自行去解决问题。

"你沉默的支持可以助人找到解决方法，"法布尔说，"沉默并不意味退缩，而是表示尊重。那即是说：'我在这里等着你，但不会碍你的事。'"

作曲家都明白音符之间的空白，其重要性绝不亚于个别音符。同样我们必须明白沉默跟我们所选用的字同具丰富表达力，令关系更和谐、更有力。

（佚名）

深恩重如泰山

> 爱是伟大的，人世间最伟大的爱莫过于父母的爱。

有这样一个老先生，他总是趁着红灯时穿梭在车阵当中，并且敲着别人的车窗。

很多人总担心他会不会是精神异常，不知是否具有攻击性，所以第一个反应就是赶紧锁上车门。但几次下来，只看到那个老人在险象环生的街道间游走，即使有驾驶员把车窗摇下来响应他，也只见他简单地说着话，于是人们开始好奇，期待他有一天会来敲自己的车。

有一天当红灯闪起，一个人的车刚好停在这个老先生面前，他一如继往地敲了那人的窗户，对着车中的女士说："小姐，要记得系上安全带喔！"

然后他就走向下一部车，留下有些吃惊的女士。

"这或许是某商家的宣传新花招、或许是着急的祖父在寻找失踪的孙

儿、也或许……"之前，每每看到他敲旁人车窗时，很多人心中就不断地推测答案，但怎么也没想过竟会是这样简单的一句——要记得系上安全带喔！

后来有人说："那位老先生姓陈，报纸上曾经报道过此事。一年前，陈先生的儿子在那个交叉路口不幸出车祸死亡，那并非是个大车祸，只是他儿子没有系上安全带，头撞上了挡风玻璃，当场就去世了。"

有爱的能力的人，不会沉溺在自己的故事里，他们时常能体验到"感同身受"这句话的意境："看到别人受伤，仿佛自己受伤；看别人遭逢生离死别，自己的心也在淌泪。"

这个故事到此真相大白，陈老先生竟然在白发人送黑发人的悲伤情绪之下，还勉强自己站在伤心地，阻止另一个可能的家庭悲剧发生。这样的感情不仅是老人对自己孩子的爱，更是天下父母对子女的爱！

五位丈夫被问到同样一个问题：假设你和母亲、妻子、儿子同乘一船，这时船翻了，大家都掉到水里了，而你只能救一个人，你救谁？

这问题很老套，却的的确确不好回答，于是——

理智的丈夫说："我选择救儿子。因为他的年龄最小，今后的人生道路最长，最值得救。"

现实的丈夫说："我选择救妻子，因为母亲已经经历过人生，至于儿子——有妻子在我们还会有孩子，还会是个完整的家。"

聪明的丈夫说："我会救离我最近的那个，离我最近的那个最可能被救起来。"

滑头的丈夫说："我救儿子的母亲"——至于是指我自己的母亲还是儿子的母亲，你们去猜好了。

最后，老实的丈夫确实不知道应该怎么样选择，于是他只有回家把这个问题转述给自己的儿子、妻子和母亲，问他们自己应该怎么办。

儿子对这个问题根本不屑一顾："我们这里根本没有河，怎么会全家落水呢？不可能！"他的年龄使他只会乐观地看待目前和将来的一切。妻子则对丈夫的态度大为不满："亏你问得出口！你当然得把我们母子都救起来。我才不管什么只救一个人的鬼话呢！"女人总是认为丈夫必然有能力，也必须有能力负担起他的责任。

最后，老实的丈夫又问自己的母亲。母亲没等他把话说完，已经大吃一惊了，紧紧抓住儿子的手，带着惊慌的神情说："我们都掉水里了，孩子你不是也掉进水里吗？我要救你！"

老实的丈夫顿时泣不成声。爱是伟大的，人世间最伟大的爱莫过于父母对子女的爱，感受父母的深恩，在心灵深处为父母祈祷吧！

人都应该有一种对父母深恩的感悟，应该知道怀胎十月一朝分娩，父母为我们付出了多少辛酸与困难，应该知道父母对我们从小的关心爱护是永远都不会变的。我们身为人子，没有理由不尽孝道，真正在生活中爱我们父母家人。

（佚名）

为失败者喝彩

永远不要去嘲笑失败者，即使在他们失败无数次以后。

在外人看来，一个绰号叫思帕基的小男孩在学校里的日子应该是很让人看不起的。他读小学时各门功课都不理想。到了中学，他的理化成绩通常都是个位数，他打破学校有史以来理化成绩最糟糕的学生的记录。

思帕基在拉丁语、数学以及英语等科目上的表现同样惨不忍睹，体育也不见得好到哪里去。虽然他参加了学校的篮球队，但在赛季惟一一次重要比赛中，他输得一塌糊涂。

在他的成长时期，思帕基笨嘴笨舌，社交场合很少见他的踪影。这并不是说其他人都不喜欢他或讨厌他。事实是，在人家眼里，他这个人压根儿就是个隐形人。如果有哪位同学在学校外主动向他问候一声，他简直会受宠若惊，兴奋不已。

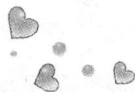

　　思帕基真是个无药可救的失败者。每个认识他的人都知道这一点，他本人也很清楚，然而，他对自己的表现似乎并不十分在乎。从小到大，他只对一件事情——画画感兴趣。

　　思帕基一直深信自己拥有不凡的画画才能，并为自己的作品深感自豪。但是，除了他本人以外，他的那些涂鸦之作从来入不了别人的法眼。上中学时，他向校外的一家杂志社投寄了几幅漫画，但最终一幅也没被采纳。尽管有多次被退稿的痛苦经历，思帕基从未对自己的画画才能失去信心，他决心今后成为一名职业的漫画家。

　　中学毕业那年，思帕基向著名的迪斯尼公司写了一封自荐信。该公司让他把自己的漫画作品寄来看看，同时规定了漫画的主题。于是，斯帕奇开始为自己的前途奋斗。他投入了巨大的精力与非常多的时间，以一丝不苟的态度完成了许多幅漫画。然而，漫画作品寄出后却杳无音信，最终迪斯尼公司没有录用他——思帕基再一次遭遇了失败。

　　生活对思帕基来说简直是黑夜。四处碰壁之时，他尝试着用画笔来描绘自己平淡无奇的人生经历。他以漫画语言讲述了自己灰暗的童年、不争气的青少年时光——一个学业糟糕的不及格生、一个屡遭退稿的所谓艺术家、一个无人注意的失败者。他的画也融入了自己对画画的执著追求和对生活的真实体验。

　　出乎意料的是，思帕基所塑造的漫画角色居然一炮走红，连环漫画《花生》很快就风靡全世界。从他的画笔下走出了一个名叫查理·布朗的小男孩，这也是一名典型的失败者：他的风筝从来就没有飞起来过，他也从来没踢好过一场足球，他的朋友一向叫他"榆木脑袋"。

　　熟悉思帕基的人都知道，这正是漫画作者本人——日后成为大名鼎鼎漫画家的查尔斯·舒耳茨——早年平庸生活的真实写照。

　　　　　　　　　　　　　　　　　　　　　　　　　　　　（佚名）

把你所有的给他

我明白了生命可以活得很美好。我更懂得了珍惜。

1995 年，我正经历离婚的不幸而伤心欲绝，我的生命陷入绝望空虚的恶性循环中，每天都无心做任何事，而且一直陷在自怨自怜的情绪中。心疼我的家人和朋友建议我出去找份工作好分散心思，将自己从伤心中拉出来。在他们的苦苦劝说下，我想或许搬到外面住会对我有帮助。

我在城里租了一间小公寓，对面正好是一间咖啡店，每天早上，我都带着一脸忧郁过街去买早餐，而咖啡店里的服务生都会报以和善的微笑，那位女服务生似乎每天早晨都希望尽可能让我觉得心情好一些。有一天早上，我一如往常到店里买早餐时，她告诉我说，她们店里正要聘一位服务生且问我有没有兴趣过来上班。

我有当服务生的经验，但已经是很多年前的事了，但是想想如果可以借由忙碌的工作忘记忧伤，何尝不是好事。而且我的财务状况也亮起红灯，我确实需要一份工作支撑生活所需。所以，我当场就答应那位女服务生，并且隔天就报到。

咖啡店采取两班制轮班，生意也不是很好，所以客人和小费很少。有一天下午，有位医生和另一位长得很帅的男人到店里喝咖啡，我上前迎接他们并送上干净的纸巾与银餐具，然后问他们需要点些什么。没想到他说："我只需要一杯水，可以吗？"

我回答："当然可以，先生。"并倒一大杯水给他，他回报我一个开心的微笑。

刚开始有几天，我并不知道如何去结账，因为我拿到的小费微薄得可怜，但是我好希望今天能忙一点，因为我需要一笔钱用。然而，当那位男士在下

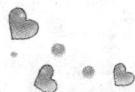

午五点进店前，我那一整天只赚到 3.25 美金的小费，根本不够用。

那位男士走进店里，和我谈起有关他的事，他说他刚刚丢掉工作且无处可住。现在，他已无家可归索性住在货车内。

我问他："那你怎么洗澡？"

"我总有一两位朋友可帮忙。"他回答。

"遇到这么多的事，你怎么还能一直保持微笑呢？"我好奇地问他。

他回答说："我当然可以因此愁眉苦脸，但是那样只会让我更消沉。"

我为他倒上一杯咖啡，但他制止我说："谢谢你，不用了，因为我无法付咖啡钱。"我要他放心，由我请客。

而当我转身走开时，我突然听到我的脑袋里传来微弱的声音："把你所有的都给他！"我当场愣住了。我心想，那句话是什么意思？我很需要我身上的钱啊！可是那个声音越来越清晰，我的感受也越来越强烈。因此，我当下便决定拿出皮包内的两美元，加上我口袋内的 3.25 美元，把它们用纸巾包起来，并走回那位男士坐的地方，把包着钱的纸巾放在他的咖啡杯旁边，并祝他"一切顺心"。

没想到，那位男士离开后，店里的客人竟川流不息，而且小费从四面八方涌进来，直到那天晚上打烊后，我已经有满满一个咖啡杯的小费了。我回到公寓，坐在地板上把咖啡杯里的钱倒出来结算。没想到下午五点前，我只赚到 3.25 美元的小费，而现在——晚上 11 点半，我结算小费的总数竟有63.5 美元之多。

那一天的奇遇，对我产生了关键的影响，我怎么能放任自己因为失去爱就每天过得恍恍惚惚？我怎么没有想到还有更多的人、更多的爱值得我们去追寻？慢慢地，我越来越少哭，因为我知道我并不是全天下最可悲的人。那件事发生距今已经九年，我明白了生命可以活得很美好。我更懂得了珍惜。

（佚名）

跑赢人生的马拉松

　　人生充满了无限的可能，有了梦想，努力拼搏，坚持下去，成功就会越来越近。

　　曾经，澳大利亚每年一次的自悉尼至墨尔本的耐力长跑，在中途是可以休息的。但一个农夫改变了这个传统，他让不可能变成了可能。

　　这项耐力长跑全程 875 千米，被认为是世界上赛程最长、最严酷的超级马拉松。这项漫长、严酷的赛跑耗时五天，参赛者都经过特殊训练，都属于万里挑一的世界级选手。这些选手大多不到三十岁，有"耐克""阿迪达斯"等知名运动品牌做后盾，全副武装着最昂贵的赞助训练装备和跑鞋。

　　1983 年，耐力长跑赛场上，出现了一个名叫克里夫·杨的家伙。起初，没有一个人注意到他，所有人都以为他是去那儿看比赛的。毕竟，克里夫·杨已经 61 岁了，穿着条工装裤，跑鞋外面套了双橡胶靴，跟这一群有着专业装备的世界级选手格格不入。

　　当克里夫·杨上前领取他的运动员号码时，人们这才明白原来他是来参赛的。他将跻身 150 名世界级选手的行列参加赛跑！人人都认为克里夫·杨不过是头脑发热，想在公众面前哗众取宠而已，就他自身而言，参加这场比赛，几乎没有优势。但媒体却颇感好奇，当克里夫拿到他的"64 号"号码布，走进那些身着专业而昂贵的长跑行头的运动员中时，照相机镜头对准了他，记者们开始发问："你是谁？是做什么工作的？"

　　"我是克里夫·杨。我在墨尔本的郊外放羊。"

　　记者们继续问道："你这么大年纪，真的要参赛吗？"

　　"是的，"克里夫点点头。

"有人赞助你吗?"

"没有。"

"那面对的都是世界级选手,是什么让你有勇气来参加这场比赛?"

克里夫·杨缓缓地说:"我出生在一个农场,我有 2000 头羊,2000 英亩地,可家里买不起马匹和四轮车。每次暴风雨快来的时候,我都得跑出去聚拢羊群。要知道,2000 头羊和 2000 英亩地是一个什么概念。有时候我得追着羊群跑两三天。虽然费功夫,但我总能追上它们。我相信我能跑这场比赛,不过五天时间,也就多出两天而已。我追着羊群跑过三天。"

比赛开始了,穿着套鞋的克里夫·杨被专业选手们甩在了后面。而且他根本没有经过任何专业训练,甚至不知道正确的跑姿,观众席上发出阵阵笑声。而他似乎不以为意,好像不是在参加赛跑比赛,而是优哉游哉地拖着碎步小跑。

当时,全澳大利亚人都在通过电视直播收看这场比赛。当他们看到这位来自农场以放羊为生的农夫跟世界顶尖选手较量的时候,心中都在为他祈祷,甚至有人强烈要求赶紧把这个疯老头儿从场上劝下来,因为几乎没有任何人不怀疑:不等跨越半个悉尼,这个老头就会累得气绝身亡。

专业选手都很清楚,为了拼完这场耗时 5 天的比赛,你得跑 18 小时,中间休息 6 小时。可克里夫·杨竟然对此一无所知!

第二天清晨,当有关赛况的新闻播报出来时,又着实让人们吃了一惊。克里夫·杨仍在比赛,迈着碎步跑了一整夜,来到了一座名为米塔岗的城市。

很显然,克里夫·杨从比赛第一天起就没有停过脚步。尽管还被远远甩在世界级选手后面,但他还是不停地跑着。他甚至还有工夫跟公路两旁观看比赛的观众挥手致意。当他到达一个名为奥尔伯里的小镇时,有人问他剩余的比赛有什么策略。他回答只要跑就行了,还能有什么策略?

他不停地跑着。每天晚上,他只能与领先的第一团队拉近一丁点儿

距离。可是到最后一晚，他超过了所有顶尖选手。到最后一天，他已经跑在了最前面。他以 61 岁的高龄跑完了悉尼至墨尔本的整个赛程，不仅没有一命呜呼，还捧走了冠军奖杯，以提前 9 小时的成绩打破了记录，成了国家英雄！这个时候，举国上下的人们立刻爱上了这个 61 岁的农夫，因为他以 5 天 15 时 4 分的成绩跑完了这场长达 875 千米的比赛，成功地击败了世界上最优秀的长跑运动员。而他并不知道比赛当中允许睡觉。他说，自始至终想象自己是在追逐羊群，与一场即将来袭的暴风雨争抢时间。

自此之后，悉尼—墨尔本的马拉松赛中几乎没有人睡觉了。因为要赢得这场比赛，就必须像克里夫？杨那样，日夜不停地奔跑，克里夫·杨创造了一个记录，更创造了一种精神，那就是：要跑赢人生的马拉松赛，就要打破常规、拼搏不息。

（佚名）

空出点时间看流星

停下手边的工作看一看周围的事物吧。

这是一场重要的比赛。露天看台上挤满了家长和小孩。炽热的阳光照在棒球场上，给人"职业棒球联盟赛"的感觉。待在球员休息室的男孩们既紧张又兴奋。球赛已经进行到第五局的下半场了，我儿子的球队目前以一分领先。儿子安迪在右外野，在他的身后，灯光所到之处的边缘是一片漆黑，我们可以看到远方山脉的黑影一直上升到群星之中。

这是个月光皎洁的寒冷夜晚，安迪的"小联赛球队"奋战了一整年，还是没有在最后的排名中挤进前 500 名，可是却在这次的球赛中打败了两个厉害的球队，而得以进入冠军赛。此刻的气氛非常紧张。

再有一个人出局，这一局就结束了。敌队的左撇子强力打击手站了起来，这个身材高大的孩子总是击出很远的球，而且他走路的样子像是刚打出全垒打般地大摇大摆。他站稳在本垒上，像条危险的响尾蛇一般准备袭击。

我紧张地朝安迪的方向望去。他在外野的表现一向不是很好。我很震惊地发现，安迪居然抬头看着夜空！很显然，他并没有在注意球赛的进行。我很担心那个打击手把球打到安迪的方向，而安迪却还不晓得，这样就会让对手连续得好几分而结束球赛。

"他在那里干什么？"我不满地对我太太玛莉说。

"什么意思？"她回答道。

"你看他——他注意力不集中，他快把事情搞砸了！那个家伙要把球往他的方向打过去了！"我发牢骚地说。

"放轻松。"太太说，"他不会有问题的。这只是一场球赛而已。"

"加油，安迪，醒醒吧！"这些话与其说是对我太太说的，不如说是

对我自己说的。

我几乎不敢看，我全身紧张。投手已经把球投出去了。一个缓慢而迷人的漂浮物出现在打击区的中央。我瞥向安迪的方向，他居然还在凝视着天空。也许他正在祷告，我心想。我听到球棒的"噼啪"声。"天啊，千万不可以。"我说。

我最担心的是安迪会觉得很尴尬，因为他把自己的表现看得很重要，也很在意队友对他的看法。可是我也发现，那就是我之所以担心，是因为我怕自己会觉得很尴尬。我向来以自己是个支持儿子、不固执己见的父亲为荣。我们会一起到外面去玩一对一的球赛，并且练习接高飞球。我总是试着让练习变得有趣，也会适度地鞭策安迪，好让他可以进步。我总是跟他说："来个漂亮的接杀。"所以如果安迪跟着球跑，可是漏接的话——要知道，如果他将手套伸出去，可能会跌个狗吃屎，或是往后跌到篱笆外——这还不打紧。可是如果他漏接是因为心不在焉的话——那可就太难为情了。"把事情完全搞砸了。""不够狠。""让大家的分数落后对方。"这些运动员通常会有的大男人主义批评在我的胃里翻腾搅动。

"好啊！"这一场球赛结束时，我大叫道。强棒小子击出一垒的滚地球而出局。我们（安迪和我）逃过了一劫，不过对方还是领先我们一分。我一定要想办法让安迪在最后一局里回过神来。我们坐在靠近本垒的篱笆后面，孩子们从外野走进来的时候，安迪上气不接下气地向我们跑来。我刚要开始说"你在搞什么？"之类的言论时，安迪就大叫："你们有没有看到那颗流星？好美哟！好大哟！它的尾巴好长呢，我还以为它会撞到山。可是它后来就不见了，好像有人把它里面的灯光关掉了似的。不知道这颗流星是从哪里来的，真的好漂亮哦！我真希望你们也会看到！"

安迪的眼里闪耀着兴奋的光芒（说来，这和我也有关系，我们在练习打棒球的时候，花了很多时间在找流星）。我犹豫了一下。"我也希望你看到了。"我说，"只剩一局了。你们队让他们占不了优势。打出一棒全垒打吧！"

"好！"安迪说完后，就跑回球员休息室去找他的队友了。

玛莉对着我微笑。我们心里想的是同一件事——我们很高兴看到自己

的儿子会花时间去欣赏生命中的惊奇与美丽，我们很高兴看到他把这件事情看得那么重要。安迪已经花很多时间在经历团体运动中那令人窒息的压力以及"不管付出任何代价都要赢"的心态了。谢天谢地，他仍然保有赤子之心。我则是有些懊恼自己居然也曾被卷进同样的漩涡里。

随着年纪的增长，我们仿佛愈来愈没有时间去寻求生命中的惊奇与美丽了。长大之后，这些事情变得愈来愈不重要。大多数人为了不落人后，已经花去了自己大部分的时间与精力，很遗憾地，他们已经没有什么闲情逸致来看流星了。所以我每隔一段时间就会停下手边的工作来看看周围的事物，尽管我觉得手边的工作很重要。我们很可能在没有预期的情况下，为周围美丽的事物所惊艳——在路上、天空中或是在会议室里——这些事物会让我们的一天变得更为美好。那一天晚上，安迪在最后一局里打出了三垒打，可是我还是很遗憾没有看到那颗流星。

（佚名）

第六枚戒指

> 人性是善的，命运掌握在自己的手中。

我 17 岁那年，好不容易找到一份临时工作。母亲喜忧参半：家有了指望，但又为我的毛手毛脚操心。

工作对我们孤女寡母太重要了。我中学毕业后，正赶上大萧条，一个差事会有几十、上百的失业者争夺。多亏母亲为我的面试赶做了一身整洁的海军蓝，才得以被一家珠宝行录用。

在商店的一楼，我干得挺欢。第一周，受到领班的称赞。第二周，我被破例调往楼上。

楼上珠宝部是商场的心脏，专营珍宝和高级饰物。整层楼排列着气派很大的展品橱窗，还有两个专供客人看购珠宝的小屋。

我的职责是管理商品，在经理室外帮忙和传接电话。要干得热情、敏捷，还要防盗。

圣诞节临近，工作日趋紧张、兴奋，我也忧虑起来。忙季过后我就得走，回复往昔可怕的奔波日子。然而幸运之神却来临了。一天下午，我听到经理对总管说："艾艾那个小管理员很不错，我挺喜欢她那个快活劲儿。"

我竖起耳朵听到总管回答："是，这姑娘挺不错，我正有留下她的意思。"

这让我回家时蹦跳了一路。

翌日，我冒雨赶到店里。距圣诞节只剩下一周时间，全店人员都绷紧了神经。

我整理戒指时，瞥见那边柜台前站着一个男人，高个头，白皮肤，约摸30岁。但他脸上的表情吓我一跳，他几乎就是这不幸年代的贫民缩影。一脸的悲伤、愤怒、惶惑，有如陷入了他人置下的陷阱。剪裁得体的法兰绒服装已是褴褛不堪，诉说着主人的遭遇。他用一种永不可企的绝望眼神，盯着那些宝石。

我感到因为同情而涌起的悲伤。但我还牵挂着其他事，很快就把他忘了。

小屋打来要货电话，我进橱窗最里边取珠宝。当我急急地挪出来时，衣袖碰落了一个碟子，6枚精美绝伦的钻石戒指滚落到地上。

总管先生激动不安地匆匆赶来，但没有发火。他知道我这一天是在怎样干的，只是说："快捡起来，放回碟子。"

我弯着腰，几欲泪下地说："先生，小屋还有顾客等着呢。"

"我去那边，孩子。你快捡起这些戒指！"

我用近乎狂乱的速度捡回5枚戒指，但怎么也找不到第6枚。我寻思它是滚落到橱窗的夹缝里，就跑过去细细搜寻。没有！我突然瞥见那个高个男子正向出口走去。顿时，我领悟到戒指在哪儿了。碟子打翻的一瞬，他正在场！

当他的手就要触及门柄时，我叫道：

"对不起，先生。"

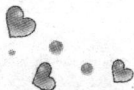

他转过身来。漫长的一分钟里，我们无言对视。我祈祷着，不管怎样，让我挽回我在商店里的未来吧。跌落戒指是很糟，但终会被忘却；要是丢掉一枚，那简直不敢想像！而此刻，我若表现得急躁——即便我判断正确——也终会使我所有美好的希望化为泡影。

"什么事？"他问。他的脸肌在抽搐。

我确信我的命运掌握在他的手里。我能感觉得出他进店不是想偷什么。他也许想得到片刻温暖和感受一下美好的时辰。我深知什么是苦寻工作而又一无所获。我还能想像得出这个可怜人是以怎样的心情看这社会：一些人在购买奢侈品，而他一家老小却无以果腹。

"什么事？"他再次问道。猛地，我知道该怎样作答了。母亲说过，大多数人都是心地善良的。我不认为这个男人会伤害我。我望望窗外，此时大雾弥漫。

"这是我头回工作。现在找个事儿做很难，是不是？"我说。

他长久地审视着我，渐渐，一丝十分柔和的微笑浮现在他脸上。"是的，的确如此。"他回答，"但我能肯定，你在这里会干得不错。我可以为你祝福吗？"

他伸出手与我相握。我低声地说："也祝您好运。"他推开店门，消失在浓雾里。

我慢慢转过身，将手中的第 6 枚戒指放回了原处。

(佚名)

失而复得的美妙

懂得珍惜才能知道失而复得的美妙。

在一个物质富裕的世界，有一种小小的情感，像一种绿色的植物，在沙漠化的气候中无声地消逝着，叫做珍惜。

懂得珍惜，失去了，才懂得痛苦，失而复得，却是难以名状的快乐。英国南岸的海港城市普利茅斯，有一个中年男人，半夜在酒吧里喝醉了酒，酒吧打了烊，他走出海滩，穿着一身衣服跑到海里游了一回泳。

他没有淹死，回到家里，呼呼睡着了。第二天，摸摸还是湿着的口袋，发现钱包丢在大海里了。

半个月之后，警察局通知他领回钱包，告诉他，钱包是一个潜水人在海底发现的，送到警察局来。这位潜水人当时在海底的一堆石头之间，看见一只龙虾，龙虾的一只大钳子，紧紧箍着一只钱包。潜水人提了龙虾，把钱包送回警察局，里面有身份证什么的，警察通知他来领回。

失而复得，还知道其中的真相，警察说："你很幸运，但找到你的钱包的那只龙虾却倒霉了，因为潜水人把它清蒸吃掉了。"

另一种失而复得的事件，是我们从来不知道其中的真相。

英国有一对夫妇，名叫史钊活，喜欢养鸽子，几十年来，都参加当地的放鸽子比赛。去年，他们带着自己养的鸽子——它名叫茱迪，到法国中部一个叫布赫的城市，参加一场放鸽子的比赛。

布赫在巴黎和马赛之间，鸽子要飞向英格兰北部的海斯顿市，旅途500里。鸽子飞出去。没有到达目的地，一去没有回头。

过了几个月，一个照顾露宿者的社会福利组织，却给夫妇俩打电话，告诉他们：失去的鸽子找到了，快来领回。原来鸽子飞出了法国，横越大西洋，一直到拉丁美洲巴拿马海岸以外的一个叫做圣尤斯的小岛，当地刚好有一对侨居的英国夫妇，找到了茱迪，发现它脚上绑着的名字和目的地，把它放在笼子里，寄送回英国。圣尤斯的那对夫妇，把鸽子当做无家可归的流浪孤儿，因此把它送回英国的露宿之家。

鸽子飞了5000多里，是怎样飞的呢？专家认为，鸽子没有那种能力，一定是先飞到一艘货轮上，由货轮载着横渡大西洋的。但史钊活夫妇说：他们最了解茱迪了，它是一只不屈的小动物，它有这样的能力。茱迪是怎样飞到南美洲的，变成了一个谜。鸽子不会讲话，咕咕地低声叫着，主人永远不会知道真相。

然而，人生里保持一点点悬疑，更加多姿多彩。

（佚名）

爱的礼服

我们不懂得得珍惜，认为所有的东西都是理所当然的，总是要到再没有机会的时候才猛然惊醒。

那年夏天，我在一间男士礼服店打工。

"丁冬"一声，挂在门上的风铃提醒我来顾客了。我折好书角，向门外看去。只见一位老先生推着轮椅走了进来，轮椅上坐着年纪和他相仿的老太太，两人都是那种很精神的北欧老人。老先生戴了一顶渔夫帽，帽子上还别了一根羽毛，有点老顽童调皮的味道。轮椅上的老太太满头的银发梳理得很整齐。

我迎了上去，笑盈盈地问："两位选礼服吗?"老先生捧着自己圆圆的啤酒肚说："小姑娘，你看什么礼服能装得下我这半个世纪的啤酒肚?"我扑哧一声笑开了，接着说："有，中号就行，大号的您这肚子还嫌小呢。"老先生爽朗地大笑起来，老太太在一旁打趣地说："那你再多喝点啤酒，就可以穿大号的了。"我量好尺寸后，问道："您要参加哪种宴会? 参加普通的婚礼西服就行; 6点以前的宴会要用大礼服; 6点以后最好用无尾半正式晚礼服; 参加博士毕业典礼要燕尾服; 商务宴会的礼服可以随意一些，用晚间便礼服。"老先生把轮椅推到试衣镜旁。找了一个最好的角度让老太太看他试衣服。然后，他转身说："是葬礼，我太太的葬礼。"

我立即收起笑容，神色凝重地说："对不起，对你失去太太我感到非常遗憾和难过。"他摆了摆手，一旁的老太太插嘴说："还没死呢，我就是他的太太。"我有些尴尬地"哦"了一声，不知道该说些什么。我还从来没有遇到过这样的情况。我给两位老人各倒了一杯咖啡，老太太感激地接过了咖啡，把杯子放到嘴边。透过杯子里袅袅升腾的热气，她注视着老先生，嘴边有些怜惜的笑意，说："这么多年，他就没自己买过合适的衣服。你跟他介绍了这么多种礼服，你问问他知不知道参加葬礼该穿哪一种。"老先生眼瞟着四周，又喝着咖啡笑着说："我有最好的太太，这些从不用我操心。"我见气氛有些轻松了，手脚才自在起来。我转身去取一套中号的西服，听见老太太对老先生说："医生说最多还有几个月了，也该准备了。"我才明白了一大半。老先生接过话头说："我看那个医生有点蠢，医生说的也不是都准。"这会儿，老太太倒笑了起来，说："不管怎样，买好了我才放心，我可不想在天堂看到你穿着渔夫野营装参加我的葬礼。你还会光着脚，因为找不着袜子！"我转过身，被老太太描绘的情景逗笑了。老先生有些不好意思地笑着。我惊讶于老人对于离世的平静和坦然。老太太对我说："就要黑色的西服配上白色的衬衣，再加上黑色的领带。"我的心里赞同地想：老太太配的是标准的葬礼服。我配好衣服递给老先生，让他去更衣室试试。

见他拿着衣服进去了，老太太对我说："我都70多岁了，早晚要去天堂的。我就想把平常做的都给他安排好，怕到时候他一个人不习惯。"我心里一阵难过，不禁想起许多个早晨，在丈夫替我煎蛋、准备咖啡的同时，我在卧室里替他找合适的领带搭配衬衫。

如果哪天我要离去了，我一定要把所有的衬衫领带都事先配好，他才不会一下子不顺手。我的鼻子酸酸的，又想，我是不忍也不能先离去的，他自己都不会打领带，甚至找不出成双的袜子来。我一定要竭尽所能，在人生的路上多陪他一程。

老先生穿好衣服走出来，他挥动着手上的领带说："谁能帮我系这个东西？"老太太摇摇头笑着说："难道要我把所有领带都打好吗？"她示意让她来系，老先生弯下腰，俯身在轮椅上，老太太有些颤抖但熟练地打好了领带。我走到一边，好让他们不受干扰，多一些私人空间。镜子里的老先生庄严肃穆，他握着老太太的手，征求着她的意见。老太太说："挺好的。我喜欢。这西服倒让我想起我们结婚的礼服来。我们结婚时你系的是银色的领带，也是我选的。"老先生挺直了腰板，看了看镜子里的自己，又看了看镜子边的妻子，俯身抚着老太太的手，动情地说："我希望这套礼服永远派不上用场！

付过钱后，老太太向我致谢："上帝保佑你，我的孩子。"铃声中老先生推着老太太出了门。我看着他们的背影伴着轻声细雨渐行渐远，心中不可抑

制地涌起对这老年伴侣的关爱。老了的只是年纪，不是爱情。

许多短小的片段连接起了整个人生。可是很多的时候，我们不懂得珍惜，认为所有的东西都是理所当然的，总是要到再没机会的时候才猛然惊醒。有人说"幸福被彻悟时，总是太晚而不堪温习了"，请在还不算太晚的时候，珍惜你的每一分钟。

（佚名）

感恩的轮回

只看他的眼睛，我就知道他是谁了。

多年前一个感恩节的早上，有一对夫妇却不愿醒来。他们不知道如何以感恩的心度过这一天，因为他们实在穷得可怜，别说庆祝丰收的感恩节大餐，现在有一点简单的食物吃就算不错了。

贫贱夫妻百事哀，醒来没多久，这对夫妻就争吵起来。随着双方越来越激烈的咆哮，家里布满了呛人的硝烟。老早就起床等待感恩节大餐的男孩，吓得躲在角落里，一动不敢动。他有一双大得出奇的眼睛，清澈得让人想跳进去。

敲门声也赶来凑热闹，厌恶而刺耳。男孩试探地看了看父母，见谁也不动身，便悄悄走上前去开门。

一个高大的男人出现在门外，他穿着一身皱巴巴的衣服，满脸笑容，手里提着一个篮子，里头是各种各样的过节的东西：一对火鸡、塞在里面的作料、煮熟的玉米棒子、厚饼、甜薯及各式罐头……

一家人都愣住了。陌生男人说："这些东西是一个人让我送来的，他了解你们的需要，他也希望你们知道，总是有人爱着你们的。"

男主人极力推辞。陌生男人说："不关我的事，我只不过是个跑腿送货的。"然后，他把篮子搁在小男孩的臂弯里，说："孩子，你的眼睛太漂亮了。祝你们全家感恩节快乐！"随后，他转身而去。

原来，这个陌生男人是个货车司机，一年中有 2/3 的时间在外面奔波。遇上感恩节，他却总要回家的，这是他给妻子和 6 个孩子的承诺。可是，当他带着礼物回家时，这家窗户上映照出来的夫妻吵闹的剪影却刺痛了他。于是，他把带给妻儿的感恩节大餐送给了这户陌生人家。

这个举动改变了那个小男孩的一生。

他长到 18 岁的时候，虽然收入微薄，可是，每到感恩节都要买不少食物，假装是个送货员，开着自己那辆破车，四处留意着最需要食物和温暖的家庭。

这一年，当他敲开一座破落的住所时，看见开门的是一个瘸腿的老男人。

这个老男人有 6 个孩子，一次车祸让他无法再正常工作。所以，今天他不仅面临着断炊之苦，还有妻儿的抱怨。

年轻人开口说道："我是来送货的，先生。"

随即他转过身子，从车里拿出装满食物的篮子，里头有一对火鸡、塞在里面的作料、厚饼、甜薯及各式罐头等。见此，跟出来的女人傻了眼，而孩子们则发出了欢呼声。

女人一边亲吻年轻人的手，一边激动地喊着："你一定是上帝派来的！"

年轻人有些腼腆地说："噢，不，我只是个送货的。"接着，他把"雇主"的一张字条交给男人，上头写着："我是你们的一位朋友，愿你们一家过个快乐的感恩节，也希望你们知道有人在默默爱着你们。"

年轻人走了。女人仍然难以相信，不停地喃喃自语："会是谁呢？"

男人说："只看他的眼睛，我就知道他是谁了。"

（佚名）

第六辑　生命的绿意

生命的绿意是这样铸成的：任岁月无情，你童贞如初心热如初；任羁旅劳顿，你不歇不辍一如既往；任花季深深喧嚣纷攘，你只属意默守一枝的宁静；任群鸟圆润雨腻云香，你只在契和的旋律里撷取一种风流。纵然是寒凝天边的落雪之夜，你仍无怨无悔以赤烫之浆浇灌不死的信念，塑造活人的筋骨。

飓风中的两个瞬间

就在这些考验中，我们往往会看到最光芒四射、最铿锵峻拔的美丽人性。

2005年8月29日，飓风"卡特里娜"把美国墨西哥湾沿岸的4个州变成了人间地狱，密西西比州是遭飓风袭击最严重的地方，90%的建筑已"完全消失"。

飓风虽狰狞可怕，但人们的爱并没有退缩，爱心与奉献在这场灾难中演绎着一段段可歌可泣的故事。

飓风袭来时，有6个人刚刚从密西西比州首府杰克逊市的一个法院里走出来，他们是刚刚对簿公堂的原告和被告，为避灾难，他们情急之下不约而同地就近躲在一个立交桥下。当时的风力达到12级，连小汽车也被掀到了半空，靠着桥墩的6个人，随时都有被刮跑的危险。怎么办？危急时刻，一个人突然喊道，快把手拉在一起。喊声让人们恍然大悟，他们抛却了所有的恩怨与芥蒂，围抱着桥墩把手紧紧拉在一起，那一刻，他们感到别人的手对自己是那么重要。结果，飓风也对这同心联手的6个人无可奈何，6个人因此逃过了一劫。

强烈的飓风也使洪水泛滥成灾，路易斯安那州首府新奥尔良市由于地势低于海平面，80%的城区都被洪水淹没，有8个市民在洪水泛滥时坐在一条小船上逃生。但小船没走多远就因负载太重，在水里直打转，并慢慢下沉，眼看着一船人就要葬身水底。

就在这时，一位体态较胖的中年男子站起来说："让我跳下去，大家就得救了！"听了他的话，其他几个人也要跳下去，想把生还的希望让给别人。但中年人对他们大声说："谁也别争，跳下去的必须是我，因为我是所有人里最重的。"说完，他就跳下支了。

小船停止了打转并开始上浮，船上的人眼看着那个不知姓名的人被洪水吞没，都失声痛哭起来……

这是美国有史以来遭遇的最大的飓风。不可否认，灾难常常令人类狼狈不堪，灾难常会带来惨绝人寰的毁灭，但每场灾难都是对人类的严峻考验，就在这些考验中，我们往往会看到最光芒四射、最铿锵峻拔的美丽人性。

（佚名）

生命的美丽约定

这个美丽的约定，这一对少年的共同心愿就像一团火一样，将永远点亮着她们的生活！

晌午，安娜坐在医院外面的草坪上晒着太阳，虽然身旁有着一簇一簇鲜艳的小花，但她的脸上却始终是一副忧郁的表情，因为她被诊断患有绝症，而且时日不多了。母亲总是含着眼泪站在她身旁，为她梳着头发。她的头发一天天变少了，像秋风中摇曳的枯草。

在回病房的路上，一个男孩走了过来，在他们四目接触的一刹那，一种特有的神采闪在安娜的眼前。男孩拿起手中的风筝塞到安娜手里说，"你瞧这是一只小鹰，它是我的朋友，它很勇敢！我叫约克，现在把它送给你，希望你能快乐！"就这样他们聊了起来，原来约克也患有绝症，每天他在医院的草坪上经过时都会看见安娜在静静地发呆，脸上写满忧伤，约克觉得这么美丽的女孩应该有最灿烂的笑容，但是他什么也做不了，因为他的日子也不多了。今天，他看见安娜坐在草坪的花丛里，觉得应该让她像艳丽的花朵般笑起来，于是他鼓足了勇气和安娜讲话！这天傍晚，他俩已成了仿佛相识多年的老朋友。两颗已经濒临绝望的心相撞了，闪出了希望的火花。他俩在一起

聊天，一起放风筝，这对少年仿佛拥有了整个天空。

终于有一天，他们都得知病情到了无法医治的地步，他们相拥而泣，但还是互相鼓励着，他们约定：好好地过完每一天，为对方祝福，永不言弃！但他们一直都会通信给彼此鼓励。

一晃两个月过去了，一个下午，安娜手中握着约克的来信，抱着那只小鹰风筝，合上了眼睛，嘴角边带着一抹淡淡的微笑。母亲流着泪默默地拿过约克的信，一行行有力的字跃入了眼帘："……当命运捉弄你的时候，不要彷徨，不要害怕。因为还有我，还有很多爱你的人在你身边，你绝不孤单。"母亲拿信的手颤抖了，泪水一点点润湿了它。

母亲在安娜的抽屉中发现了一沓写好但尚未寄出的信，最上面一封写的是"妈妈收"。母亲疑惑地拆开了信，是女儿的字迹，上面写道："妈妈，当您看到这封信的时候，也许我已经离开您了，但我还有一个心愿没有完成。我知道也许我无法履行我的诺言了，所以，在我走了之后，请您替我将这些信陆续寄给约克，让他以为我还坚强地活着，相信这些信能多给他一些活下去的信心……女儿。"

望着女儿这最后的遗言，母亲突然感到有一种豪情在涌动，她觉得有责任去见见这个男孩，要他好好活下去。

安娜的母亲拿着女儿的信，按信封上的地址找到了约克的家。她看到桌子正中镶嵌在黑色镜框中的照片是一个很阳光的男孩。她怔住了，当她转眼向那位开门的妇人望去时，那位母亲早已泪流满面。她缓缓地拿起桌上的一沓信，哽咽地说："这是我儿子留下的，他一个月前就已经走了，但他说，还有一个与他相同命运的女孩在等着他的信，等着他的鼓舞，所以，这一个月来，是我代他发出了那些信……"说到这儿，两位母亲已泣不成声。

（佚名）

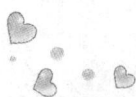

爱的诠释

永恒就是美丽，执著就是艺术，平凡造就伟大。

在美国芝加哥的西北角，有一个叫罗爱德的小镇。几个月前，该镇的教育主管部门为镇里一位名不见经传的女教师举办了一次庞大的摄影展览，展出的都是教师以女儿为主人公的生活照片。出人意料的是，从美国各地来了2800多名记者，打破了美国个人摄影展记者采访人数的历史纪录。

女教师名叫露易丝，是个普通的小镇居民。但她与众不同的，就是坚持每天给女儿詹妮照一张相，从女儿出生到20周岁，足足照了20年，照了7300多张。她把这项活动称为：女儿每天都是新的。

展览馆共有八层展厅，被分隔成宽3.5米、长1500多米的展道，全部都挂着詹妮的照片，从她出生到20周岁，以时间为序，一张连着一张。每张照片的规格都是一样的：高23厘米，宽20厘米，下边则写着拍摄时间 (年、月、日、时) 和简要的文字说明：

今天，詹妮呱呱哭着来到了人间；

今天，詹妮在妈妈怀里吃奶；

今天，詹妮会笑了；

今天，詹妮发烧竟然达到38摄氏度；

今天，詹妮会喊爸爸妈妈了；

今天，詹妮跟着妈妈上幼儿园……

据说，为了坚持不间断地拍摄，露易丝很少离开女儿詹妮，万不得已，她就请人代劳。20年间，她先后请丈夫和詹妮的爷爷、奶奶、外公、外婆等13人帮忙照了43张。

平心而论，这些照片，从拍摄技术到画面内容，都很平淡或平凡，甚至有千篇一律的弊病。比如：詹妮在襁褓中的照片有110多张，吃饭的有1500余张，看书的有 140 余张……

然而，就是这些平凡之至的照片轰动了整个美国，让全世界为之感动，因为它体现了露易丝对女儿詹妮永恒无私的爱。去年，露易丝因此被评为优秀教师。

永恒就是美丽，执著就是艺术，平凡造就伟大。这是人们对露易丝这种做法的崇高评价。

露易丝的伟大，在于她能够把众人都能够做却小屑于做的事，不但认认真真做了，而且一做就是 20 年。

（佚名）

芬芳的回报

我才感觉到了在这个世界上有一种最为美丽芬芳的花朵，它的名字叫做"宽容"。

在距离美国田纳西州不远的一个小镇上，住着格林先生和他的邻居约翰。他们两个年龄差不多大小，也同时拥有相同面积的大片农场。在整个小镇上，他们是实力最为雄厚的两个农场主。

格林先生尽管只有小学文化，但是，他勤奋好学，精于管理，再加上他为人忠厚和善，所以，在他 35 岁那年，农场面积已经扩大为邻居约翰的两倍还多。而约翰呢？虽然他是大学肄业，但是他却好吃懒做，又嗜赌如命，所以，他的农场经营每况愈下，还欠下了一大笔债务，以至于他不得不变卖大部分的土地来抵债。

一天，债主又带着一大帮人到约翰家来讨债，并扬言如果约翰再不偿还欠款，他们就将依照合同，把约翰家的剩余土地全部划到自己的名下。此时，农场已是约翰一家赖以生存的唯一经济来源，如果再失去仅有的农场，他们

一家将无以为生。

约翰被逼无奈，只得跑到邻居格林先生家，向他借了两万美金，才算化解了这场危机。

一转眼8年过去了，约翰却一直没有把这笔钱还给格林先生，尽管他已经不缺这笔钱了。一天，约翰多喝了几杯后，突然间萌生了一个坏想法：如果杀了格林，那不就不用偿还那笔巨款了吗？于是，一天晚上，他趁格林先生开车进城的机会，自己驾驶着一辆重型卡车，加足马力撞向格林先生的轿车。"哐——"的一声，格林先生的轿车应声被掀翻，瞬间着起了大火。约翰以为格林这次再也活不成了，正打算扬长而去，不想，这时格林先生却从火海里爬了出来，他浑身血肉模糊，一条腿拖在地上。明显是被撞断了，手捂着胸口，不停地抽搐。约翰看格林还没有死，并认出了自己，为了免除后患，就跑上前，凶狠地在格林先生的头上猛踹了几脚，格林先生瞬间就失去了知觉。

后来，格林被送到了医院抢救。3天后，他从昏迷中艰难地苏醒过来，警察也赶到了格林的病房。然而，此时的格林先生却只说自己喝醉了酒，拒绝指认约翰伤害过自己。

半年后，格林先生因伤口感染，不幸在医院的病床上死去。临终前，他语重心长地对子女说："我之所以当初没有让警察拘捕约翰，正是怕给他的家人再带来同样的伤害。你们要答应我，永远不要对约翰家的任何一个孩子说一句辱骂或仇恨的话，这样，他们才能和你们一样快乐地成长，成为社区里受人尊重的公民。毕竟，你们以后还要做邻居，心中装着憎恨的邻居是无法友好相处的，这样的生活也不会快乐……"

这的确是一个最难信守的承诺，尤其是对于几个十七八岁的年轻人。他们年轻气盛、容易冲动，但是，由于格林先生的遗言在先，为了让他的灵魂安息，两家暂且相安无事，没有再出现任何干戈。

同年冬天，越战爆发。格林先生的儿子吉姆和约翰的儿子布朗都应征入伍，恰巧两人又被分在同一个队伍里去参加了越南战争。不同的是，在一次战斗中，布朗不幸牺牲，是被一枚炮弹炸死的。其实，他原本可以不死，然而当那枚炮弹落在了战友的身边时，他还是毫不犹豫地推开了不知情的战友，让炮弹在自己的身边爆炸了！

那个被布朗救下的战友名叫吉姆·格林，正是格林先生的儿子！

当部队领导收拾布朗的遗物时，在他的日记里发现了这样一段话：

"如果你和他人之间只有一座独木桥，那么，请你以博大的胸怀去加宽这座生命的桥梁；如果你和他之间的关系只是一粒微小的纽扣，那么请用你宽广的心灵去拉长这条生命的半径……这些，我伟大的邻居都做到了！当我的爸爸害死了邻居格林先生时，是他们让心灵网开一面，才保住了我们完整的家庭。直到今天，我才感觉到了在这个世界上有一种最为美丽芬芳的花朵，它的名字叫做"宽容"。可惜的是，这是邻居一家栽种的花朵，如果有机会，我也会回报以我的邻居更加芬芳的一株！"

（佚名）

死神也怕咬紧牙关

"当时，我头脑里只有一个念头：我一松口，罗伯特肯定会死。"

那个惊心动魄的故事是这样的：

罗伯特和妻子玛丽终于攀到了山顶。站在山顶上眺望，远处城市中白色的楼群在阳光下变成了一幅画。仰头，蓝天白云，柔风轻吹。两个人高兴得像孩子，手舞足蹈，忘乎所以。对于终日劳碌的他俩，这真是一次难得的旅行。

悲剧正是从这个时候开始的。罗伯特一脚踩空，高大的身躯打了个趔趄，随即向万丈深渊滑去，周围是陡峭的山石，没有抓手的地方。短短的一瞬，玛丽就明白发生了什么事情，下意识地，她一口咬住了丈夫的上衣，当时她正蹲在地上拍摄远处的风景。同时，她也被惯性带向岩边，在这紧要关头，她抱住了一棵树。

罗伯特悬在空中，玛丽牙关紧咬，你能相信吗？两排洁白细碎的牙齿承担了一个高大魁梧躯体的全部重量。

他们像一幅画，定格在蓝天白云大山峭石之间。玛丽的长发像一面旗帜，在风中飘扬。

玛丽不能张口呼救，一小时后，过往的游客救了他们。

而这时的玛丽，美丽的牙齿和嘴唇早被血染得鲜红鲜红。

有人问玛丽如何能挺那么长时间，玛丽回答："当时，我头脑里只有一个念头：我一松口，罗伯特肯定会死。"

几天之后，这个故事像长了翅膀飞遍了世界各地。

人们发现，死神也怕咬紧牙关。

（佚名）

忍着不死的母亲

　　　　多么伟大的母爱。

　　一位从越南归来的美国战地记者给 MBA 学员放影一卷他在战场上实拍的影片：画面上有一群人奔逃，远处突然传来机枪扫射的声音，小小的人影，就一一倒下了。放完了，他问同学们看见了什么。"是血腥的杀人画面！"他没有说话，把片子摇回去，又放了一遍，并指着其中的一个人影：

　　"你看！大家都是同时倒下去的，只有这一个，倒得特别慢，而且不是向前仆倒，她慢慢地蹲下去……"看到同学们还是看不懂的神色，他居然抽搐了起来："当枪战结束之后，我走近看，发现那是一个抱着孩子的年轻妈妈，她在中枪要死之前，居然还怕摔伤了幼子，而慢慢地蹲下去。她是忍着不死啊。

　　"忍着不死！"何等伟大的母亲！其实世界上远不止人类有母爱。每一种生物，都有伟大的母爱！

　　到南美洲考察的科学家在风雪中经常看到成千上万的企鹅，面朝着同一个方向立着。是什么原因使它们能如此整齐地朝同一个方向呢？细细观察后，考察队员们终于发现，每一只大企鹅的前面，都有着一团毛绒绒的小东西。原来它们是一群伟大的母亲，守着面前的孩子，因为自己的腹部太圆，无法俯身在小企鹅之上，便只好以自己的身体，遮挡刺骨的寒风。

多么伟大的、壮观的母亲之群像！也许你就是职业经理人或一个企业家，在暴风雪来到的时候，在市场经济的遭遇战中不幸受到创伤的时候，如果你也能"忍着不死"，"孩子"也许就能避过伤害。

（佚名）

再坚持一下

挺住，再坚持一下！

1950 年，弗洛伦丝·查德威克因成为第一个成功横渡英吉利海峡的女性而闻名于世。两年后，她从卡德林那岛出发游向加利福尼亚海滩，梦想再创一项前无古人的纪录。

那天，海面浓雾弥漫，海水冰冷刺骨。在游了漫长的 16 个小时之后，她的嘴唇已冻得发紫，全身筋疲力尽，而且一阵阵战栗。她抬头眺望远方，只见眼前雾霭茫茫，仿佛陆地离她还十分遥远。"现在还看不到海岸，看来这次无法游完全程了。"她这样想着，身体立刻就瘫软下来，甚至连再划一水的力气都没有了。

"把我拖上去吧！"她对陪伴着她的小艇上的人说。

"咬咬牙，再坚持一下。只剩一英里远了。"艇上的人鼓励她。

"别骗我。如果只剩一英里，我就应该能看到海岸。把我拖上去，快，把我拖上去！"

于是，浑身瑟瑟发抖的查德威克被拖上了小艇。

小艇开足马力向前驶去。就在她裹紧毛毯喝了一杯热汤的工夫，褐色的海岸线就从浓雾中显现出来，她甚至都能隐隐约约地看到海滩上欢呼等待她

的人群。到此时她才知道，艇上的人并没有骗她，她距成功确确实实只有一英里！她仰天长叹，懊悔自己没能咬咬牙再坚持一下。

（佚名）

来自天堂的玫瑰

珍惜生命，追寻幸福。

罗丝最喜欢红玫瑰，她的名字也是玫瑰的意思。每年的情人节，丈夫都会送给她一些玫瑰花，花上系着漂亮的丝带。这一年，她丈夫去世了，玫瑰花依然送到了她面前，卡片上仍然像从前一样写着："做我的妻子吧！"

岁岁送花，他都写下这样的话："对你的爱今朝更胜往年，时光流转，爱你越来越深。"她想，这年的玫瑰一定是丈夫提前预定的，以后再也不会有玫瑰花了。一想到这些，罗丝禁不住泪如泉涌。

她心爱的丈夫并不知道自己会如此逝去。他总是喜欢把事情提前安排妥当，以往即使再忙的时候，凡事仍能从容办好。

罗丝修剪了玫瑰，把花插进一只很特别的花瓶里，花瓶旁摆放着丈夫满面笑容的遗像。她在丈夫心爱的椅子里一坐就是几个小时，伴着玫瑰花，痴望着他的相片，沉浸在美好的回忆中。

一年过去了，失去了丈夫的日子十分难熬，孤独和寂寞占据了她的生命。情人节前夕，门铃响了，有人送来了玫瑰花。

她把花拿进来，心中非常惊讶，是谁在恶作剧，为什么要惹她痛苦？于是她打电话给花店。

店主解释说："我知道您的丈夫一年前去世了，也知道您会打电话来询问究竟。您今天收到的花，是您丈夫提前预购的。您丈夫总是提前做好计划，万无一失。他预付了花款，委托我们每年送花给您。去年他还写了一张特别的小卡片，嘱咐说如果他不在了，卡片就在第二年送给您。"

她谢过店主，挂上了电话，泪水涌流而下，手指不住地颤抖，慢慢地打开了附在玫瑰花上的卡片。

卡片里是一张他写给她的便条，她静静地看：

"你好吗，我的妻子？知道我已经去世一年了，我希望挺过这一年你没有受太多的苦。我知道你一定很孤单，很痛苦。

"我们的爱曾使生活里的一切如此美好，我爱你千言万语道不尽，你是完美的妻子，是我的朋友和情人，让我心满意足。时光只过去了一年，请不要悲伤，我要你即使是流泪的时候也是幸福的，这就是为什么玫瑰花将会年年送来给你。当你收到玫瑰的时候，想想所有的快乐吧，我们曾经是多么幸福啊。

"我的妻子，你一定要好好地活着啊。请珍惜生命，追寻幸福吧。我知道那不容易，但是你一定要努力去做。玫瑰花每年都会如期而至。除非你不再应门，花店才会停止送花。那一天，花店的伙计会上门来访五次，以防你只是出门去了。

（佚名）

人生和信念

> 或许生命什么都可以缺，譬如失去一只眼睛，或者失去一条腿，但就是不能失去信念。

在美国纽约，有一位年轻的警察叫亚瑟尔，在一次追捕行动中，他被歹徒的冲锋枪射中了左眼和右腿膝盖。三个月后，当他从医院出来时完全变了个样，一个英俊的小伙已成了一个又跛又瞎的残疾人。

纽约市政府和其他组织授予了他许多勋章和锦旗。记者问他："你以后

将如何面对自己的命运呢?"他说: "我只知道歹徒还没有被抓住。"他那只完好的眼睛里透露出一种令人颤栗的愤怒之光。这以后,亚瑟尔不顾别人的劝阻,多次参与抓捕那歹徒的行动,他几乎跑遍了整个美国,有一次,甚至为了一个微不足道的线索去了欧洲。

九年后,那个歹徒终于在亚洲某个小国被抓获了,亚瑟尔在行动中起了关键的作用。在庆功会上,他再次成了英雄,许多媒体都称他是全美最坚强、最勇敢的人,然而半年后,亚瑟尔却在卧室里割腕自杀了。在他的遗书中,人们读到了他自杀的原因: "这些年来,让我活下去的信念就是抓住凶手……现在,伤害我的凶手被判刑了,我的恨也消了,生存的信念也随之消失了。面对自己的伤残,我从来没有这样绝望过……"

或许生命什么都可以缺,譬如失去一只眼睛,或者失去一条腿,但就是不能失去信念。

(佚名)

自由的滋味

人生路途并不总是平坦的。

那一年是 1980 年,当时我 15 岁。

我们的船停靠在西贡外面的一个码头。我们的心跳声几乎可以盖过马达的声音。船舱里有 120 个人,我们的身体全都叠在一起,我们只有一个梦想:自由。

逃离压迫,即使必须以付出生命为代价,我们还是想要自由。若是被抓回去的话,我们就会被关在粗暴的劳改营里,永远也出不来了。

我知道那种恐惧。一年前,我们试图逃出来的时候,他们差点抓到我。

我在一处稻田一直躲到天黑，然后才偷偷地坐公车回家。

我躲过了检查，因为我的衣服看起来像是士兵的黄色卡叽服。船在半夜偷偷开出去的时候，我们都悄然无声。到我们的目的地泰国只有几个小时的航程，却也可以说是千里之遥。我回想到几小时之前，和我的家人道别的情景。他们只能为我这个长子提供路费。我忽然想到一件事：即使我成功了，我或许再也见不到他们了。

船舱内的空气非常地紧张，我们的气息紧黏着我们的皮肤。我们仍然受到炮火的攻击。半岛上都是全身武装的士兵。我们需要一整天的时间，才能完全脱离侦察范围。

我们有两天的食物：一小背包的米、一些牛奶和两个钢罐的水。我们不能喝海水，因为水中的盐分会让我们脱水。钢罐内的污垢和锈让水变成橘色的，可是我们只有这些水，我假装这些水的味道跟妈妈挤的柠檬汁一样，否则我实在喝不下去。

逃过侦察的范围之后，我们就可以放松了——至少在心理上是可以放松的。

越南的气候非常潮湿，再加上 120 个人挤在只能容纳 60 人的船舱里，可以想象那种几乎要窒息的感觉。那天晚上，情况甚至变得更糟了：我们碰到了暴风雨。连续两天，狂风与怒涛威胁着我们。我们的排泄物和呕吐物所发出的恶臭简直令人受不了，我爬到甲板上去呼吸一点新鲜的空气，感到有一个东西在我的头上呼啸而过。

一道波浪忽然将我打回船舱里。我失去了知觉，等我醒过来的时候，一个女人抱着我，说我很幸运。"那道浪打在你后面。"她说，"你差点掉到海里去了。"

我闭一下眼睛，想起小时候，每天晚上母亲总会提醒我，老天爷一直在看护着我们。或许他当时真的在保护着我。暴风雨虽然如此恶劣，可是跟我们所面对的事情比起来，却不算什么。

暴风雨还没有完全结束的时候，另一项灾难就来临了。船长在暴风雨中遗失了罗盘——或许就是两天前袭击我的波浪同时也夺去了他的罗盘。我们不仅脱离了航线，而且船上的电、瓦斯都没了。

我们真是彻底绝望。最害怕的事情发生了，虽然逃过了政府的毒手，我们却要在无情的太阳底下死去。

我们漫无目的地漂流了好几天。有时我们会看到地平线上有船只，可是我们却不能向他们发信号求救，因为我们的信号弹掉到海里去了。虽然白天的时候，其他船只可以轻易地看见我们，可是却没有船停下来救我们。或许是因为我们距离他们太远了，我希望事实真的是如此。我不愿意去想象：有人可以经过一艘载满垂死乘客的船只，却不伸出援手。

粮食已经吃光了，我们的身体严重脱水，衣服都粘在皮肤上，有些人的衣服甚至粘在船底。虽然海里到处都是鲨鱼，还是有很多人跳到水里去——不是为了游泳，而是要把皮肤浸湿。

有些妇女舀海水上来，然后在里面加糖，可是我们只能喝一杯，因为实在是太咸了。我们都又饥又渴，这对小孩来说更难挨。有一个9岁的男孩趁大家都不注意的时候，喝下了所有的水，结果那天晚上他就死掉了；我们用毯子将他包起来，海葬了。他的死让我们觉得非常难过。他的父亲是名美国士兵，如果他可以活着到美国去的话，他一定会过得很好的。

我们虽然听天由命，却还是试着彼此安慰。我的朋友唐问我："在死前，如果你只能拥有一样东西，你会选什么？"

我并不想要很多东西。如果我不能拥有我的家人的话，那么一件家人的纪念物也可以。"一杯柠檬汁。"我回答，"那就真的是太棒了。"

那天晚上，当我们坐在甲板上的时候，我看到地平线上有一道灿烂的光芒。我戳着唐的肩膀，指给他看，我们马上把这个消息传出去，船上立刻就充满了希望。

我们看到了一座油井。几个男人想要用木板将我们的船驶近一点，可是没有办法，水流实在是太急了。到早上的时候，我们只剩下一个选择：游泳过去。可是这段距离很长，海里有大批的鲨鱼出没，而船距离油井还有好几里远。

有三个人自愿游过去。第一个人自此没有再游回来过，他不是溺水，就是被鲨鱼吃了。第二个人游了一个小时后就放弃了，因为水流一直将他往后拉。第三个人是个渔民，他朝斜角的方向游去，最后水流终于将他朝油井的

方向推过去。虽然他因为脚抽筋而停下来好几次，12 个小时之后，他终于还是抵达了油井。

第二天早上，他们就把我们接过去了，我们出港已经 8 天了。我们的嘴唇都已经干裂，而且在流血。皮肤青肿，而且发炎，胃都肿起来。我们不能吃固体的食物，所以他们就让我们吃稀饭，这是我的一生中吃过的最美味一餐了。

我们全都活了下来。这艘船将我们送到马来西亚的难民营去，后来我们获准到美国去，我们的自由美梦终于实现了。我于 1990 年入籍美国。我在罗杰斯大学读工程学，从 1991 年开始，我就拥有自己的公司。我的家人都以我为荣。

那 8 天的经验真是可怕，我希望别人永远都不要有这样的经验。可是这个经验却让我对人生有了透彻的看法，因此是值得的。我的人生路途并不总是平坦的，有时还是会遇到偏见的伤害，而且有时工作压力非常大。可是如果你曾经那么接近过死亡的话，那么那些压力就都不算什么了。

我妈妈说得对，老天爷从不给我们不能处理的事物，如果明天我就失去我的公司，我也会觉得无所谓。我知道自己在危境中活了过来，就这一点来说，我已经是个成功的人了。现在每当我喝柠檬汁的时候，我就会想起这一点。

（佚名）

边缘人

　　我相信，梦想总有一天会成真的。

午夜。我张开手脚，躺在那个湿湿的阴沟里。

那条高速公路好长好长，好像永无止尽。我躺着观察月亮，怪异的月光有时会透过乌云照射出来。182 天过去了，我穿着直排轮鞋；不知道自己还

有没有力气继续自己的梦想。

我告诉自己，我要穿着直排轮鞋横跨加拿大，要不就在半路上死掉——一要是死掉的话，我也许就可以坐着黑色的灵车，光彩地回家了。

那天是我最后一天上路了。这真是一个漫长的旅途。从去年5月以来，我得忍受着疼痛的肌肉，笨重的四肢、晕眩的头，以及"白血球增多症"。我每天都得滑行170公里，到目前为止，已经走78000公里了。现在剩下最后50公里。

我把头放在冰冷潮湿的泥土上，然后闭上眼睛休息。我必须继续下去，我的任务是就是要治好自己的病。我母亲也得了同样的病，来日无多。

我10岁的时候，妈妈就得了白血病。医生说她在我上高中之前就撑不下去了，要我们珍惜和妈妈在一起的每一分每一秒。

我开始这趟探险之旅的时候，已经18岁了，妈妈当时还活着，打破了医生的预言。但是当我出发的时候，妈妈已经发病了，而且病情急转直下。医生说她最多只剩6个月了。因此，我也只剩6个月来帮妈妈募款，好让她接受特别的实验疗程。

那是一场赌注。我每天看着日落，不知道自己还能不能和妈妈相聚。我觉得很无奈，只能看着时间一分一秒流逝。树叶已经变色了，季节也随之更替。同时，离我千里远之外的妈妈正走向生命的尽头。我听着她从电话的另一端传过来的脆弱的声音，祈祷妈妈能撑下去，哪怕是再撑一下也好。我多么希望自己能待在家陪妈妈啊！

但是，我没有其他选择。几个月前，当我们相互拥抱并说了再见之后，我听见她无力地说："如果你办得到，我也办得到。"妈妈想继续奋斗下去，她相信梦想会成真的。我必须证明她是对的。

每天我都重复同样的事：早上醒来，顶着冰冷的雨，穿着直排轮鞋，一滑就好几个小时。晚上就沿着结霜的路边，在阴暗的帐篷里睡觉。每天我也都面对着同样的痛楚：前方的路崎岖不平，每走一步就觉得背上一阵刺痛。休息的时候，我会换袜子，因为我脚上的水泡都已经破了，流了好多血。

我上了最后一个山丘，由上往下看，我看到远处城市的灯光在闪烁着。我停下脚步，看着那些灯火，难以相信自己已经办到了。我的眼泪顺着脸颊滑落下来。真是太美了！时间、感觉、心灵都好像瞬间恢复了。可是我也同时感觉到身体上的痛楚和精神上的折磨。

这趟历险，我一共换了两双直排轮鞋、11组轮子、4罐机油、60粒电池、4个随身听，手肘缝了11针，吃了4包抗生素，还吃了好多蛋糕，喝了150加仑的运动饮料。好不容易终于结束了。

从那时候开始，我知道一切的努力都非常值得。脚上每一个水泡、眼里每一滴眼泪、我必须爬的每一座雪山，都有它的理由。我所完成的事隐含了一个信息，它充满鼓励和希望，全都是用血、汗水和眼泪所写出来的。我通过这个信息向我们每一个人大声宣誓：我们是可以治好癌症的。我们可以完成自己的梦想。

我走进家门，妈妈紧紧地抱着我。她看起来好虚弱，头发也掉光了，因为她做了化学治疗，眼神充满了忧虑和疲惫。她的脸色苍白，好像松了一口气。她不敢相信我毫发无伤地回来了。

我总共募得了6万多美金，还不够做实验的疗程，于是我组织了一个基金会来募款。这个基金会将一直运作下去，直到找到治疗的方法。我妈妈的癌症宣告末期已经两年了，当时医生的话犹在耳边，可是她还活得好好的。我的梦想就是治好妈妈的病。

（佚名）

自由奔跑

那一瞬我感到从未如此地理解父亲，感到他的爱充满了整个屋子。

当我一长大，我就知道父亲对我的期望是什么：成为一名医生。我们家族三代从医，我知道这也正是我将要做的。6岁时，我就有了第一个听诊器。

我生日时，父亲会送给我前辈的职业吉祥物：祖父的注射器，叔叔的体

温表。在办公室门上的黄铜饰板上，我的名字会被指出将写在哪个位置。所以，不可避免的职业生涯的画面已深深扎根于我的想像中。

但当我快上大学时，我开始觉得医生不是我喜欢的职业。我开始感到不安，我不是父亲理想的儿子。我不敢告诉他我的犹豫，希望自己能解决。

大学前的夏季，我接受了一项挑战并希望这能帮我散散心。有一位病人为表示感谢送给父亲一条英国小猎犬。像往常一样，父亲把它交给我训练。

我没有预料到会碰上什么难题。杰瑞是条一个月大的小狗，它的耳朵离头太远，使它看上去活像个小丑。只要看它一眼，我就忍不住想笑。

训练的第一部分很容易。它掌握了基本要领：坐、停、卧、走，惟一的问题就是"来"。它喜欢一出茂盛的草丛就到处闲逛。我喊"杰瑞，这儿！"并吹尖锐的训练哨声，它转过身来看看我又继续逛它的去了。

训练完后，我坐在橡树下跟杰瑞聊天。我谈论它可能想知道的一切，有时也说说我自己。"杰瑞，"我说，"我真不想整天与病人打交道。如果你是我，你会怎么办？"

杰瑞坐在那直视我的眼睛，摇摇它的头。它这么严肃，我忍不住放声大笑起来，忘却了烦恼。

不久以后，我让杰瑞接触了鸟类。它的姿势完美，它蹲伏着嗅着气味轻巧地移动，小心翼翼地放着它的爪子。看到鸟，它的身体都僵直了，使劲向前伸着头，优雅地轻轻地抬起它的右爪。

有一次晚饭后，我带它去草场训练。在没膝的草丛里我们走了约 100 码，这时，一只燕子在昏暗的光线中掠过寻找虫子，在杰瑞的头上发出了声响。

训练它捕捉的鸟类可从来没有过这样的行为，杰瑞呆住了。不一会儿，它开始追猎这只燕子。这鸟飞得很低，忽前忽后做 Z 字型飞翔，像在嘲弄和游戏。这使杰瑞兴奋起来，疯狂地跑着。

这鸟引杰瑞到了池塘又回到草场边的栅栏处，一副好像很怕被它追逐的样子，最后它消失在高空中。杰瑞立在那看了一会儿，气喘吁吁地向我跑来，我从没见过它这么用力。

在接下来的日子里，我发现对它来说，捕鸟已不成问题，但它似乎更热爱奔跑，它会像野兽般飞快地在草丛中奔跑。

我只好从头开始。开始几分钟，它会认真听着。然后，它会从我背后的

口袋里偷走香蕉，跑向草场，在风中嗅着，使劲地瞪着腿。有时，只能看到它身后高高的草在晃动。

对它来说，奔跑是一种荣耀。看它奔跑时，除了有训练好它的强烈愿望，我感到一种很奇怪的快乐。

以前训狗我从未失过手，但这次我输定了。当9月到来的时候，我终于不得不告诉父亲这条猎犬不能打猎。"那么，拴起来吧。"父亲说，"我们得阉了它，送给镇上的某个人做宠物。一条狗如果不能尽它的天职，就肯定不会有多大价值。"

让杰瑞做家狗会扼杀它的天性。第二天，我跟杰瑞在老橡树下进行了一次长谈。"奔跑会使你失去自由的，"我说，"你就不能捕完鸟再跑吗？"

它抬眼看我，眼睑下流露出羞愧的神情。我开始感到难过，我躺下来，它在我胸前趴着，我摆弄着它的耳朵。

第二个星期六一早，父亲带杰瑞出去看看它能做些什么。一开始，它像个职业选手，姿态优雅地捉下一群鹌鹑。父亲打的两只鸟也被它一一衔回。

父亲惊奇地看着我，好像我愚弄了他。正当这时，杰瑞飞奔起来。

"这狗到底要干什么？"

"奔跑，"我说，"它喜欢奔跑。"

杰瑞沿着一排栅栏跑着，然后跳了过去，瘦瘦的身躯划出了令人惊奇的弧线。它跑了100码然后跑向池塘，一头扎进去，波光粼粼的水面击起了高高的翼状的浪花。它跑着，仿佛奔跑使一切安逸与优雅，使它融于田野、阳光和空气。

"那不是条猎狗，那是头鹿！"父亲说。

我站在那儿看着我的狗在它一生中最重要的测试中惨败。

第二天，我收拾东西准备上学，然后走向狗群跟杰瑞告别，它不在。我想知道父亲是否已经把它带到镇上去了。想到我们都失败了我心里就难受。

当我进屋时，父亲合上书，直视看我。"儿子，我知道这条狗不去做它该做的，"他说，"但它所做的也很了不起，看它奔跑！"

他继续看着我，那一刻，我感到他能看透我的心思。

"让生命有意义，"父亲接着说，"就是它该是什么就让它是什么——了解它。彻底了解它。"

我深深吸了口气。"爸爸，"我说，"我认为我不能从医。"

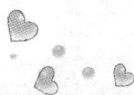

他垂下眼睛，好像听到了最怕听到的话。但当他又抬起头看我时，我看到了从未有过的尊重。

"我知道，"他说，"当我看到你和这条狗在一起时，我就知道了这一点。它奔跑时，你真该看看你的表情。"

我想像得出他有多么失望，我难过得想哭。"爸爸，"我说，"对不起。"他严肃地看着我："儿子，我不是对你失望。有一天你处在我的位置时就会明白。当然，你不打算当医生令我失望，但我不是对你本人失望。"

"想想你试图让杰瑞做的一切吧。"他说，"你希望把它训练成猎犬，但它却不行。你有什么感受？"

我看看杰瑞，它睡着，爪子在扭动，仿佛在梦里它还在奔跑。

"我曾以为我失败了，"我说，"但当我看到它奔跑时，看到它那么喜爱奔跑，我想这也挺好。"

"确实挺好。"父亲说。他亲切地看着我："现在就让我们看看你怎么奔跑吧。"他拍了拍我的肩，说了声再见便走了。那一瞬我感到从未如此地理解父亲，感到他的爱充满了整个屋子。

我靠着杰瑞坐下，在它肩胛骨下搔了搔。"我也想知道自己会怎样奔跑，"我轻轻对它说，"我一定能行。"

（佚名）

心灵的杂草

我要清理一下自己。我心灵上的杂草已经太多了！

那天是周六，和几位朋友约好晚上去蓝海的士高蹦迪，却突然接到主任通知：有批胶片需要尽快发往广西。我心急火燎地把胶片包装好，然后在楼

下招了一辆摩托车去窖口车站。我与车手讲好，到站后我付给他单程车费，他在原地等我，然后我坐他的车回来。

到了车站，我匆匆揣着那几叠胶片下了摩托，付了车费后，就转身从人行道跑向马路对面，交了货。

付款时我忽然发觉钱包不知何时不翼而飞了！我想肯定是在穿越人行道时被人顺手牵羊偷丁去。好在对方办事人是熟人，答应下次再补给。

我千恩万谢地走了。刚走不远，我心里犯了难，钱包丢了，损失几百块钱不说，证件可怎么办呢？更重要的是，我现在连回去的钱也没有了！我把身上所有的口袋摸了一遍，只摸到一枚一元面值的硬币。掂着这一枚硬币，我决定逃开马路对面守候我的那个人，悄悄地搭乘公共汽车回公司。我环顾了一下，看到那人还在等我，我心里动了一下，要不要向他解释一下，但一转念，他不见得会听我的解释呢。于是，我趁着他背对我的那一瞬间，飞也似的跳上了一辆正徐徐启动的公交车。我低低地蹲在车里，努力不让马路对面的他发现。我远远地看到他仍站在原地，并不时向车站出口处张望着。我紧张极了，以至于车上有了空座我也不敢落座，惟恐他从后面追上来。

在那段返途中，我丝毫没有心疼那几百元钱，也忘了去想丢失证件后的麻烦，我的心里充满了做贼的恐惧。我提前一个站下了车，一路小跑着回公司。刚拐进公司大门的那个巷口，我一下子懵了：那穿格子T恤的车手正守在公司门口！

"哈，你终于来了！"他拿下放在摩托车上的右腿，晃悠悠地向我走来，"你急坏了吧？"

我战战兢兢地问："你，你说什么？"

"你的钱包在我这里，难道你一点都不急吗？"

"啊？"我的记忆飞快地返回到我下摩托车时的那一刻，一片模糊，我什么也记不得了！

"你把钱包放在后座上，抱着那摞纸袋就走了，等我发现你把钱包遗忘在这里时，已经叫不到你了。"他大大咧咧地说完，把我的钱包递过来，"我看到了你包内的几张名片，才找到这里……"我站在那里，心里排山倒海似的翻腾着。我握住他的手："大哥，对不起，我……"

"你不该逃避！"他笑着说了这一句，就转身跨上摩托要走。我心里一紧，是啊，我在逃避什么呢？此刻我逃避的不正是我担心失去的吗？我要了他的

电话，我想有机会和他作一次倾心长谈，我相信，我们会成为朋友。

在他和摩托车一起消失在我的目光尽头时，朋友打响了我的手机说，已经等在迪厅门口了。我说，对不起，今晚我不能去了。

他问为什么，我说，我要清理一下自己。我心灵上的杂草已经太多了！

（佚名）

取舍之间

得，要先舍；而舍，终必得。舍不舍，就全看个人造化了。

走了几次花市，跟玉摊老板逐渐相熟。

喜欢他的纯真，不带市侩气。尤其喜欢他的不执著。

他卖的，大部分是出土老玉，几乎都斑驳离索，也几乎都有撞裂后残缺痕迹的沁纹。他是通过一个退伍老兵的渠道购入这些老玉。喜欢的，自己留着欣赏把玩，一段时日后再出售。

他身上经常挂着好多块经他盘养过后的老玉，只要有人喜欢，他都毫不吝惜地让售，也不坚持他自己所定的最低价格。因此，来他玉摊的人竟日川流不息，很多都成了他的好朋友，有事没事就去他的摊边闲聊。

问他为什么可以把心爱的东西让给别人，而不觉得不舍，他豁达地笑笑说："人世间的东西，并没有一定的主人，也没有永远的主人，既然如此，那么谁都可以拥有它。而且，有人要买，是那人有福气，我能卖，也是我的福气。"

前些日子，我买来三颗天珠，经他盘养后，都已微微泛红。尤其较大的那颗，红润内敛，十分时人喜欢。他自己也珍爱万分，日日夜夜佩带它，打坐时不离身，工作时也不离身。有一天，他突发灵感，把三颗天珠配上玛瑙玉石，串成项链挂在胸前，朋友见了，都说好看。

隔日来了一个识货的顾客，一眼看上那颗大天珠，并坚持只要单独买下

它。他应允了，一刀剪下大天珠，其余残存的玉石顿时失色。

朋友都为他惋惜，说他不该坏了那串项链，不该坏了整体的美。他笑笑，不以为意地说："残缺，不一定不美；完整，也不一定就美。那人那么喜欢那颗天珠，是他跟它有缘，我成全了他，不也很好吗？"

那天以后，他依然成天佩挂着那串残缺的项链，无憾无悔。或许他的豁达来自他的不执著，他的不执著又来自我的自我修持。

这两天，我看上一颗他经常把玩的黄玉佛手，有心要他割爱，却因他在那佛手上穿上一粒小小的骷髅，而使我犹豫。

"你怕什么呢？"他点破我说，"终有一天，我们都会变成这样子的。这正可以提醒我们，对世间的情缘，不要过于执著。"

这使我想起小时候看外婆捡菜，看她一朵朵地摘去高丽菜嫩芽上的鲜花，我总为那些娇黄色的嫩花惋惜，向外婆抗议不该摘去它，外婆却淡淡地回答我："那有什么可惜的？那上面有虫。"

而我现在挑捡高丽菜芽时，也往往下意识地就摘去了嫩芽上正盛开着的黄花。是我已失去了少年情怀的憧憬？还是我已被世故所淹没？

应该都不是。对美好的事物，我仍然疼惜。我不只不忍心看那黄花在加热后，瞬间就失去了它娇嫩的容颜，而且我已明白，事物在取舍之间，自有它一定的分寸。应该是：得，要先舍；而舍，终必得。舍不舍，就全看个人造化了。

（佚名）

生命的绿意

让人群从远处走来或从身边擦过吧，我只以生命独有的绿色答复对生活的谢意。

北方三月。乍暖还寒。绿意隐约。

遥看向阳坡那片倔强的草地，街畔摇曳的柳枝，一抹嫩绿，一丝鹅黄……三月风传达大自然渐渐泛绿的情感，这番景象都是我们可以领会的睿言爱语……

然而，青春无季。生命的绿意不只在三月显露。不用说松柏的坚韧，不用说秋菊雪莲的独傲，真挚地生活真挚地爱，那便是你心中永驻不凋的绿意。

生命的绿意是这样铸成的：任岁月无情，你童贞如初心热如初；任羁旅劳顿，你不歇不辍一如既往；任花季深深喧嚣纷攘，你只属意默守一枝的宁静；任群鸟圆润雨腻云香，你只在契和的旋律里撷取一种风流。纵然是寒凝天边的落雪之夜，你仍无怨无悔以赤烫之浆浇灌不死的信念，塑造活人的筋骨。

生命的绿意是这样赢得的：不强求似花的娇艳，却拥有新鲜活泼的内质美丽；不强求占有的富足，却拥有亦歌亦哭的饱满情怀；不强求呼朋引伴飞觞醉月的浮华，却拥有淡漠中的每一个日子。珍惜自己聚散的小小收获，也不强求曾经的沧海巫山；何妨迁移，湿润的泥土总有眷恋久长。纵然是亦风亦雨的阴晦之夕，你也不能辜负已然开启的心愿，因为前面等待你的是无法拒绝的初夏的辉煌。

朋友，你已有了这样一个出色的开端，那么留下你对春天的宣言，朝前走：让山光水色去清秀它们自己吧，让人群从远处走来或从身边擦过吧，我只以生命独有的绿色答复对生活的谢意。

（佚名）

抚平心灵的伤疤

虽然医生不能抚平我脸上的伤疤，但是，他却抚平了我心灵的伤疤。

我静静地看着镜子里那有着一块伤疤的脸。他说得很对，不知什么原因，

经过了这么多年，那个丑陋的小女孩已经变成了一个美丽的女人。

我躺在整形外科的椅子上，接受着医生的检查。医术高超的他，手指正轻轻地摩擦着我脸上的那块扭曲变形的肌肉。他的年龄比我长 15 岁，是一位非常有魅力的男人，单是他那一身男子汉的阳刚之气和那热情的凝视就几乎让人无法抗拒。

"呃，"他温和地问道，"你是模特吗？"模特？他是在开玩笑还是在嘲笑我？我注视着他那英俊的面庞，看是否能找到一丝嘲笑的痕迹。我知道绝对不会有人将我与模特混为一谈，因为我实在太丑了。我脸上的伤疤可以证明一切。"不，我当然不是模特。"我有些气愤，没好气地答道。

见我有些生气，这位整形外科医生把他的胳膊交叉着抱在胸前，以品评的眼光看着我，"你为什么这么在意这块伤疤呢？如果不是有什么职业上的需要一定要把它去掉不可的话，是什么原因让你到这里来的呢？"

听了他的话，猛然之间，那些我曾经熟识的男人们、那些痛苦的回忆又在我的眼前一幕幕闪回着。记得在一次由女孩邀请男孩跳舞的晚会上，我先后邀请了 8 个男孩，但都被一一拒绝了。从上大学时起，漠视我的男人几乎就可以排成队了……

这时，医生拉过一把转椅，紧挨着我坐了下来。"想听听我的看法吗？想知道我都看到了些什么吗？"他的目光深邃而又满含柔情，他的声音低沉而又充满温柔，"我看到的是一个美丽的女人。虽然并不完美，但却是一个美丽的女人。你知道劳伦·赫顿和伊丽莎白·泰勒吗？劳伦·赫顿的门牙之间有一个很大的缝隙，而伊丽莎白·泰勒的额头上则有一块很小的伤疤。"他顿了顿，递给了我一面小镜子，继续说，"我常常这样想，一个女人即使有这样或那样的缺憾又有什么妨碍呢，我相信她的缺憾只会使她的美丽变得更加不同寻常，因为它向我们证明了她是一个人！"他说话的样子几乎是在对我耳语了。

然后，他把转椅向后滑过去，并站了起来。"记住，一个女人真正的美来自于她的内心世界。相信我，这是我的职业告诉我的。"说完，他就离开了。

我静静地看着镜子里那有着一块伤疤的脸。他说得很对，不知什么原因，经过了这么多年，那个丑陋的小女孩已经变成了一个美丽的女人。从接受他治疗的那天开始，作为一个依靠在数百人面前发表演讲为生的女人，我已经

多次听到人们对我说我是多么的美丽了。

当我改变了对自己的看法后，别人也跟着改变了对我的看法。虽然医生不能抚平我脸上的伤疤，但是，他却抚平了我心灵的伤疤。

（佚名）

青春花季

青春是仅属于你一次的花季，让你在幸福的时候，要倍加珍惜。

世上有些花常开常落，有些花却只有一次花季，不经意就会开放，不经意又会错过。

如果，如果你在花开的时候，忘了拍一些美丽的照片，等到错过了花期，再去追忆那淡淡的、诱人的花香，就难免在花香轻袭之时，抚之怅然。

18岁，多么美丽的花季呀！哪个黑眸中没有青花似霰，哪个嫩白的额头没有梦幻如阳呢？

每一次战粟都没齿难忘，每一个声音都刻骨铭心！然而，18岁的时候，我们却不明白青春。

我们把青春当作一种资本，用挥霍生命来昭示她的存在；用夸夸其谈来显示她的魅力；用我行我素来证明她的洒脱……

当飞花渐瘦，昨日之阳与今日不再同样年轻之时，才一梦初醒：青春无需昭示，不用证明，青春挥霍不起，青春更不为你所独有。

原来，每个人都年轻过，每个人都拥有过青春的梦！18岁如花的芳龄，只是自然的造化，不是你的资本；断章片语的浮华炫耀，只是你的幼稚，不是青春的魅力；野马脱缰般地放浪形骸，只是你的偏执，不是青春的洒脱……

青春是一首歌，让你用如火的精力唱出她的生命；

青春是一个梦，让你抚去任何虚妄的痕迹，用坚实的足音将她羽化为现实的辉煌；

青春是一只飞鸿，让你抖落世俗的纤尘，陶然于生命的恢宏与超然；

青春是仅属于你一次的花季，让你在幸福的时候，要倍加珍惜；苦难的时候，要倍加坚韧，细心地采撷每一种花的标本，留住那永恒的生命的芬芳……

（佚名）

愿生命恬淡如湖水

　　让生命恬淡成一泓波澜不惊的湖水，告诉自己：水穷之处待云起，危崖旁侧觅坦途。

　　睿智的庄子给我们留下一个发人深省的故事：一个博弈者用瓦盆做赌注，他的技艺可以发挥得淋漓尽致；而他拿黄金做赌注，则大失水准。庄子对此的定义是"外重者内拙"。

　　由于做事过度用力和意念过于集中，反而将平素可以轻松完成的事情搞糟了。现代医学称之为"目的颤抖"。

　　太想纫好针的手在颤抖，太想踢进球的脚在颤抖。华伦达原本有着一双在钢索上如履平地的脚，但是，过分求胜之心硬是使这双脚失去了平衡，那著名的"华伦达心态"以华伦达的失足殒命而被赋予了一种沉重的内涵。

　　人生岂能无目的？然而，目的本是引领着你前行的，如果将目的做成沙袋捆缚在身上，每前进一步，巨大的压力与莫名的恐惧就赶来羁绊你的手脚，那么，你将如何去约见那个成功的自我？

"目的颤抖"是因为心在颤抖。心台太低，远处的胜景便不幸为荒草杂树所遮蔽，平庸的眼，注定无福饱览那绝世的秀色；太在乎了，太看重了，结果，恐惧蛀蚀了勇敢，失败吞噬了成功。

"大体则有，具体则无"，把目光放得远一些，让生命恬淡成一泓波澜不惊的湖水，告诉自己：水穷之处待云起，危崖旁侧觅坦途。

（佚名）

并非所有人都为金牌奔跑

在跑到人生终点时，即使我们没有摘取到"金牌"和桂冠，我们的生命同样会获得一份丰盈与无憾。

在亚特兰大奥运会上，男子马拉松竞赛中跑在最后一名的是来自阿富汗的高中生。他显然不是同场竞技者的对手，可他还是一步步地跟上，成了赛场上受人关注的人物。他对着记者递过来的话筒说："我的目的不在于拿第一或第二，而只是为了能在亚特兰大参赛。我在途中从没有想过放弃，我只是想让世人知道，我们也在努力地活着！"

这场竞赛的金牌得主是谁我忘了，但这个执著的中学生却让我深深折服。因为我知道在阿富汗，无休无止的战乱折磨着人们，以至让外人怀疑他们生活下去还有什么奔头。可就在这样的环境里，这个中学生在富得流油的美国亚特兰大，向所有人宣布："我们也在努力地活着！"虽说他无缘登上冠军的宝座，但他却把自己所能拥有的那份生活演绎到极致，赢得人们的敬意。在他平实的话语里，包藏着让我们深思的哲理。

我们总是把拿破仑"不想当将军的士兵不是一个好士兵"作为放之四海而皆准的名言。的确，这个信条在一定情况下对人是起着鼓舞作用，可是能

成为将军或名人名家的毕竟只是凤毛麟角。更多的人因为自身的原因或客观环境的因素只能平凡地活着。

有一种人生，精彩之处恰恰是不为"金牌"而执著地奔跑，就像那位名不见经传的中学生。如果我们在生活中的确"技不如人"，那么我们至少可以做到：不论在哪种生存环境下，都"努力地活着"，使自己的生命力得到最大程度的张扬。那么在跑到人生终点时，即使我们没有摘取到"金牌"和桂冠，我们的生命同样会获得一份丰盈与无憾。

（佚名）

生命的空隙

一个人的快乐，不是因为他拥有的多，而是因为他计较的少。

很多的时候，我们需要给自己的生命留下一点空隙，就像两车之间的安全距离——一点缓冲的余地，可以随时调整自己，进退有据。

生活的空间，须借清理挪减而留出；心灵的空间，贝U经思考开悟而扩展。打桥牌时，我们手中所握有的这副牌不论好坏，都要把它打到淋漓尽致；人生亦然，重要的不是发生了什么事，而是我们处理它的方法和态度。假如我们转身面向阳光，就不可能陷身在阴影里。

当我们拿花送给别人时，首先闻到花香的是我们自己；当我们抓起泥巴想抛向别人时，首先弄脏的也是我们自己的手。一句温暖的话，就像往别人的身上洒香水，自己也会沾到两三滴。因此，要时时心存好意，脚走好路，身行好事。

光明使我们看见许多东西，也使我们看不见许多东西。假如没有黑夜，我们便看不到闪亮的星辰。因此，即使是曾经一度使我们难以承受的痛苦磨

难，也不会是完全没有价值的。它可使我们的意志更坚定，思想、人格更成熟。因此，当困难与挫折到来，应平静地面对、乐观地处理。

不要在人我是非中彼此摩擦。有些话语称起来不重，但稍一不慎，便会重重地压到别人心上；同时，也要训练自己，不要轻易被别人的话扎伤。

你不能决定生命的长度，但你可以扩展它的宽度；你不能改变天生的容貌，但你可以时时展现笑容；你不能企望控制他人，但你可以好好掌握自己；你不能全然预知明天，但你可以充分利用今天；你不能要求事事顺利，但你可以做到事事尽心。

在生活中，一定要让自己豁达些，因为豁达的自己才不至于钻入牛角尖，也才能乐观进取。还要开朗些，因为开朗的自己才有可能把快乐带给别人，让生活中的气氛显得更加愉悦。心里如要常常保持快乐，就必须不把人与人之间的琐事当成是非；有些人常常在烦恼，就是因为别人一句无心的话，他却有意地接受，并堆积在心中。

一个人的快乐，不是因为他拥有的多，而是因为他计较的少。多是负担，是另一种失去；少非不足，是另一种有余；舍弃也不一定是失去，而是另一种更宽阔的拥有。

美好的生活应该是时时拥有一颗轻松自在的心，不管外在世界如何变化，自己都能有一片清静的天地。清静不在热闹繁杂中，更不在一颗所求太多的心中，放下挂碍、开阔心胸，心里自然清静无忧。

喜悦能让心灵保持明亮，并且充塞着一种确实而永恒的宁静。我们的心念意境，如能时常保持清明开朗，则展现于周遭的环境，都是美好而良善的。

（佚名）